VÉRITÉ DES MYTHES

Collection dirigée

par

Bernard Deforge

TITANIC

DAVID BRUNAT

TITANIC

Mythe moderne et parabole
pour notre temps

PARIS

LES BELLES LETTRES

2013

www.lesbelleslettres.com

Pour consulter notre catalogue
et être informé de nos nouveautés
par courrier électronique

© *2013, Société d'édition Les Belles Lettres,
95, boulevard Raspail 75006 Paris.*

ISBN : 978-2-251-38565-5

PRÉFACE

Voici donc un mythe moderne. Quand j'ai créé en 1988 la collection « Vérité des Mythes », mon idée n'était pas de la consacrer à la mythologie antique gréco-romaine, et c'est bien la raison pour laquelle le livre qui l'a inaugurée fut celui du regretté Pierre Lévêque sur *Le Japon des mythes anciens*[1]. Mais il s'agissait néanmoins de mythes anciens. Mon idée était également d'ouvrir cette collection aux mythes modernes, aux mythes de notre temps appartenant aussi à la catégorie du mythe. Mais la moisson de manuscrits a été moins grande. Ce n'est pas que la matière manquât. Mais il est probable qu'il est plus difficile à l'homme contemporain de prendre le recul nécessaire pour envisager les événements de nos siècles dans leur charge mythique et l'appréhension qu'en ont les hommes, dans une approche dépourvue d'émotion immédiate pour en déceler, pour en dégager les structures symboliques. J'eus néanmoins la chance de rencontrer l'historien de l'imaginaire Lucian Boia dont je publiai d'abord le livre théorique *Pour une histoire de*

---

1. *Colère, sexe, rire. Le Japon des mythes anciens*, Les Belles Lettres, Paris, 1988, 2011.

l'imaginaire (1998), puis – mais hors collection – *La mythologie scientifique du communisme* (2000) et *Le mythe de la démocratie* (2002). Lucian Boia, qui est aussi l'auteur d'un livre sur le mythe de *La fin du monde*[2], aurait pu être l'auteur d'un ouvrage sur le mythe du Titanic, lui qui a si bien mis en lumière les « ensembles ou structures archétypales susceptibles de couvrir l'essentiel d'un imaginaire appliqué à l'évolution historique[3] ».

Mais David Brunat lui a grillé la politesse.

Bienvenue donc à David Brunat dans cette collection, dans l'espérance que d'autres livres suivront, de lui ou d'épigones encore inconnus, pour décrypter les nombreux mythes qui structurent, sans qu'ils s'en doutent, l'esprit et les opinions des hommes d'aujourd'hui, ne serait-ce que les mythes eux-mêmes de la raison et de la science.

Bernard Deforge

---

2. *La fin du monde. Une histoire sans fin*, la Découverte, Paris, 1989, 1999.

3. Lucian Boia, *Pour une histoire de l'imaginaire*, Les Belles Lettres, Paris, 1998, p. 30.

INTRODUCTION
(2012)

*« Les rares instants où le mythe consent à vous prendre à la gorge,
à solliciter son entrée parmi les faits quotidiens de la vie... ces minutes
hallucinées mesurables pourtant à ma montre, dont le battement retentit
ensuite sur les années, il ne faut rien négliger de cela ».*

Victor Segalen, *René Leys.*

1912-2012 : d'un siècle l'autre, la force du mythe du *Titanic* demeure intacte.

Ce drame a désormais cent ans d'âge et la légende n'a pas pris, comme l'on dirait d'une mer calme – mais traîtresse –, une *ride*. Indémodable et incomparable catastrophe. Sa puissance d'envoûtement sur l'imaginaire des peuples perdure avec un éclat que le temps ne ternit pas, quand l'épave, elle, gît dans sa gangue de rouille et de désolation.

Depuis l'Arche des temps diluviens, le bateau constitue un matériau de choix pour la création mythologique.

Qu'il soit d'inspiration divine ou armé pour des courses profanes, le bâtiment qui brave l'élément liquide se meut à son aise dans le royaume des mythes et légendes.

Légende du commencement des temps et du Déluge rédempteur avec le vieux Noé ; légendes peuplées de fantômes, comme celle du *Hollandais Volant* condamné par la justice divine à errer sans fin sur les mers ; légende vraie de la grande geste politique et idéologique avec, par exemple, *Le Cuirassé Potemkine* ; figure de la révolte aussi avec l'emblématique *Bounty* ; grand souffle épique de l'aventure imaginée, dont l'*Hispaniola* de Stevenson (le navire de *L'Île au trésor*) ou le *Nautilus* de Jules Verne sont de dignes représentants ; et, bien sûr, légendes vraies de tragédies maritimes, qu'illustrent maints noms de bateaux qu'on pourrait égrener en chapelet, symboles de la périlleuse condition de l'homme bravant la mer : *L'Astrolabe* de La Pérouse, *Le Pourquoi pas ?,* le *Manureva*, etc. ; et puis ces noms mythiques, eux aussi, d'exploits réussis, comme la *Santa Maria* de Christophe Colomb ou le *Firecrest* sur lequel Alain Gerbault accomplit le premier tour du monde à la voile en solitaire.

Des noms de navire devenus mythiques mais n'ayant rien de *mythologique*. Au contraire du bateau qui est le sujet et le héros tragique de ce livre : un des très rares navires modernes à faire écho, et très explicitement, à la mythologie antique.

Dès l'origine, le mythe affleure : il est le point de départ de cet événement *titanesque*.

Les Titans, fils et filles d'Ouranos révoltés contre Zeus, puis vaincus et jetés dans l'abîme du Tartare, ont été choisis pour être les « parrains » du paquebot. Singulier patronage ! Prémonition d'un destin à nul autre pareil ? Simple acte « publicitaire » ? Rétrospectivement, il est facile d'affirmer qu'un présage de désastre était contenu dans le nom du navire. Mais, sur le moment, la compagnie maritime n'a-t-elle pas tout bonnement voulu marquer le coup et les esprits en sortant de son chapeau un nom spectaculaire ?

En tout cas, les pères du *Titanic* décidèrent en toute conscience qu'à peine caréné, ce fleuron de la technologie moderne entrerait de plain-pied dans l'ordre mythologique, et ce bien avant que son naufrage ne l'y ait définitivement assigné. Savaient-ils qu'un des Titans s'appelait Océan (*Océanos*), une figure des eaux primordiales et une des forces élémentaires ayant contribué à la formation du monde ? (Homère saluait même en *Océanos* le principe de toutes choses).

Un nom remarquable, donc, au regard de la disparition du navire, mais aussi à l'aune des usages maritimes de l'époque. De tous les grands bâtiments notables de la fin du XIXe siècle et du début du XXe siècle, un seul, en dehors du *Titanic*, empruntait – et encore de façon quelque peu diluée – à la mythologie antique : l'*Olympic*, un paquebot presque aussi colossal que son *sister ship*, lancé en 1910, et qui appartenait d'ailleurs à la même compagnie que le *Titanic*, la fameuse White Star Line.

Funeste désignation, là encore. Car on ne peut pas dire que l'*Olympic* ait été à la hauteur des promesses que son nom recelait. S'il ne connut pas un destin aussi tragique que le *Titanic*, sa carrière fut émaillée d'incidents : il heurta un remorqueur en entrant dans le port de New York lors de sa première traversée de l'Atlantique ; quelques mois plus tard, il eut une collision avec un croiseur au large de Southampton ; en janvier 1912, il perdit une pale d'hélice et dut regagner précipitamment les chantiers, avant d'être freiné en mars de la même année par une grève des mineurs de charbon. Mais la légende n'est jamais en reste : c'est un certain Herbert James Haddock (1861-1946) qui était aux commandes de l'*Olympic* lorsque le Titanic sombra ; ce vaillant capitaine s'illustra glorieusement pendant la Première Guerre mondiale en coulant un sous-marin allemand U103 qu'il réussit à aborder et éventrer dans une manœuvre d'une extraordinaire audace. Pour ce fait, il fut surnommé « le Nelson de la marine marchande ».

La cruelle ironie onomastique de l'histoire servit de leçon et l'on se souvint avec une retenue superstitieuse du risque qu'il pouvait y avoir à braver ainsi le destin et à convoquer les figures de héros mythologiques ambigus, comme le rappela avec force l'*Illustration* dans son édition du 20 avril 1912 :

> « Le nom même du malheureux paquebot indiquait quel orgueil avait animé ceux qui l'avaient construit : créer un navire si formidable qu'il apparût comme une œuvre surhumaine ».

Un paquebot très mal baptisé, donc, et qui fut englouti dans une sorte de tragique « baptême par immersion » dans les abysses de cet irrationnel, cet indomptable, cette source des pulsions primitives de la vie qui est aussi un lieu de sépulture pour tant d'âmes et de corps, ce lieu que l'on appelle la mer, puissance sourde et amère…

De même ne s'est-on pas risqué (du moins pendant un siècle) à enfanter un *Titanic II* comme on a créé sans crainte un *Queen Mary II* ou un *Pen Duick VI*. Seule la fiction, mutine et intrépide, s'est aventurée sur ces eaux minées : Matt Groening, le père des Simpson, a ainsi intitulé un épisode de sa série Futurama « *Titanic II* », étant précisé que ledit *Titanic II* devient ici… un vaisseau spatial aux prises avec un terrifiant trou noir qui a logiquement remplacé le trop « terrestre » iceberg !

Mais à l'heure où j'écris ces lignes, la société australienne Blue Star Line fait savoir qu'elle a décidé de construire un *Titanic II* en partenariat avec l'armateur chinois CSC Jingling ! Le chantier doit démarrer au nord de Shangaï en avril 2013. Le voyage inaugural est prévu en 2016. Comme pour le « vrai » *Titanic*, le navire empruntera la route de l'Atlantique Nord en direction de New York.

Puissance et persistance du mythe… Rappelons d'ailleurs qu'en 1997, le président chinois Jiang Zemin, qui avait eu un véritable coup de foudre pour le film de James Cameron, avait enjoint les membres du Politburo à aller voir le film, non pas, avait-il précisé, pour « propager le capitalisme mais afin de mieux comprendre notre opposition et de nous permettre de mieux réussir » !

Étonnant sens de la temporalité également...
Comme on le développe dans ces pages, le *Titanic* coula peu de temps avant 1914 et le naufrage de la civilisation européenne. Un symbole. Comme un signe avant-coureur du suicide de l'Europe.

L'année de son centenaire, une terrible catastrophe a éclaté au large des côtes italiennes : le naufrage du *Costa Concordia*, le 13 janvier 2012. À un siècle de distance, voici deux mastodontes confrontés à une fin semblablement tragique et ridicule, où a sa part l'inconscience apparente du commandant, « seul maître à bord » mais privé de toute maîtrise effective sur les choses et les êtres. *Concordia* (ironique et cruelle appellation, tant elle est objectivement chargée de valeurs pacifiques et douces...) et *Titanic* ! Le commandant Edward John Smith (« Le roi des tempêtes ») et le capitaine Francesco Schettino, deux vieux loups de mer qui commettent des erreurs de débutant (mais avec cette notable différence que le premier en a porté la responsabilité jusqu'à se sacrifier en toute conscience). Deux navires de croisière qui terminent en tragédie. Deux noms absurdes à la lumière des événements.

Le *Titanic*, c'est aussi une hyperbole. C'est l'histoire hyperbolique du désastre des premières fois qui sont également les dernières.

D'habitude, les premières fois ont toujours des airs de conquête – et pas seulement, tant s'en faut, dans le domaine amoureux. Toit du monde, vol habité dans l'espace, pose d'un engin et d'un pied d'homme sur la lune, etc. : ces « premières » sont des élans magnifiques, des avancées glorieuses, des ruptures historiques... Avec le *Titanic*, rien de tel : c'est, en tous sens, un *fiasco*. Éclatant. Absolu. Et qui n'a pas fini de retentir aux oreilles des générations qui se succèdent.

Certes, ce n'était pas la première fois qu'un monstre des mers disparaissait à peine mis à l'eau. Mentionnons ici, pour l'exemple, une autre première arrogante et ridicule : le naufrage du *Vasa*, près de trois cent ans avant celui du *Titanic*.

Le *Vasa* était un énorme navire de guerre construit pour le roi de Suède Gustave II Adolphe pendant la guerre de Trente Ans. Il coula lors de sa mise en mer en 1628 après avoir franchi à peine un mille nautique. Lors de son renflouage, en 1961, on mit au jour des milliers d'objets et d'ustensiles, des vêtements, de la vaisselle, des armes, des outils, des pièces de monnaie, etc. Le *Vasa* était l'un des plus gros et plus luxueux navires de son temps. Il avait été construit pour servir les aspirations expansionnistes de la Suède et de son monarque. Il termina sa carrière orgueilleuse et plus qu'éphémère comme le *Titanic* : lamentablement.

Fascination trouble de la trajectoire unique, de l'éclat abrégé, de l'arrogance mise en déroute.

Et puis le naufrage du *Titanic*, on vient de le rappeler, est intervenu un peu plus de deux ans avant le déclenchement d'une autre « première » infiniment plus terrible encore : la Première Guerre mondiale. La première du genre, censée être aussi la dernière, la « der des der », ou supposée telle ; mais qui ne le sera pas, puisqu'elle sera suivie d'une autre, la dernière à ce jour mais dont on ignore si elle sera finalement la vraie dernière...

Et cette dernière guerre mondiale à ce jour, *deuxième* d'une hypothétique série en cours ou *seconde* d'une paire refermée et révolue, fut le théâtre de la plus grande catastrophe maritime de l'histoire : le naufrage du *Wilhelm Gustloff*, un navire de croisière torpillé le 30 janvier 1945 par un sous-marin soviétique. Plus de 9 300 morts et disparus dont au moins 4 000 enfants et adolescents. Pour la petite (et funeste) histoire, ce paquebot portait le nom d'un leader nazi suisse assassiné en 1936 et Hitler avait tenu à être personnellement présent lors de son lancement en 1937.

Sale nom de baptême, donc. Et présence de la « mythologie » historique : c'est au cours d'une opération d'évacuation de la population allemande de la Baltique dénommée « Opération Hannibal » que sombra le *Gustloff.*

Le *Titanic*, c'est enfin une parabole. La parabole de la vulnérabilité humaine. La plus parfaite réalisation de la technique navale de l'époque qui part à vau-l'eau. Le monstre d'acier s'affaissant comme un château de cartes. Touché-coulé, l'orgueil de la modernité technologique ! Torpillé, le vieux fantasme de la maîtrise humaine sur les éléments ! Engloutis, l'or des nababs et les espérances d'une nouvelle vie caressées par les immigrants !

La faillite retentissante de cette course au gigantisme, à la vitesse, à la rentabilité, aux records les plus grisants et les plus périlleux, nous *parle* aussi dans les temps de crise que nous vivons, où les gains faciles et vertigineux, l'argent surabondant et arrogant, les montages financiers les plus sophistiqués mais aussi les plus risqués ont entraîné à la fin des années 2000 un « raz de marée » économique et social, nous condamnant à naviguer sur la mer houleuse des déficits, de la peur du lendemain ou du gendarme – les agences de notations – et de l'incurie des dirigeants.

Le *Titanic* continuera sans doute encore longtemps à nous parler de choses difficiles : la mort, l'anéantissement des choses et des êtres, le déclin des civilisations, etc. Notre époque incertaine et tourmentée réunit – hélas ! – toutes les conditions pour que le mythe résonne en chacun de nous.

Le livre qu'on va lire a été publié en 1998. Depuis lors, des mers d'eau douce ont coulé sous les ponts et des flots infinis d'eau de mer ont porté la lente dérive des icebergs.

Le succès planétaire du film de James Cameron, l'un des plus grands succès du box-office de tous les temps, a confirmé, s'il en était besoin, que la mémoire du naufrage demeure extrêmement vivace un siècle après sa survenance.

Grand mythe qui « nous parle », le *Titanic* fait figure de
parabole contemporaine « exploitable » à l'envi, souvent hors
de son périmètre historique. Ainsi, le documentaire intitulé *Le
syndrome du Titanic*, réalisé en 2009 par Nicolas Hulot et Jean-
Albert Lièvre, traite d'une question étrangère au naufrage de
1912 et aux préoccupations de l'époque : la menace écologique,
le déclin de la biodiversité. De même convient-il de rappeler ici
que Jean-Luc Godard tourna son long métrage *Film Socialisme*
(présenté en 2010 au Festival de Cannes) sur le *Costa Concordia*...
Un paquebot dans lequel il voyait un emblème de la décadence
mortifère de notre société.

Depuis 1998, d'autres grandes peurs collectives ont vu le jour
ou ont connu de redoutables développements, comme la menace
terroriste ou le risque de cataclysme financier mondial (un *naufrage*
de subprimes, produits dérivés et autres *swaps* infernaux), dont les
dernières années de la décennie 2000 et les premières de la décennie
2010 ont été le théâtre. Après l'euphorie, le grand plongeon. Gare
aux marchés persuadés que jamais ils ne s'effondreront ; gare à la
griserie de la vitesse et aux mirages d'une expansion sans frein ;
gare à la fallacieuse facilité de la ligne droite, qui n'est jamais – en
mer, en montagne, en économie – la plus sûre.

Gare à toutes les armadas prétendument « invincibles » mais
qui, tôt ou tard, finissent par être battues à plate couture.

Depuis la publication de ce livre, il y a eu le 11 septembre 2001
et ces Titans de verre et d'acier abattus par la folie humaine : les
tours du World Trade Center.

Certes, il y a un abîme entre cette tragédie et le naufrage du
Titanic : il y a la distance infinie qui sépare un accident d'un crime,
un enchaînement fatal et involontaire de circonstances terribles d'un
acte prémédité, une défaillance humaine d'une volonté inhumaine
de perpétrer des meurtres à grande échelle.

Il n'empêche que des analogies entre les deux événements
s'imposent à l'esprit.

Gratte-ciel vertigineux où battait l'un des poumons de l'économie mondiale, et embarcation monumentale regorgeant de richesses ; fleuron maritime de la première puissance économique de l'époque – la Grande-Bretagne – brisé comme une coquille de noix, et tours altières de la première économie mondiale contemporaine anéanties en quelques dizaines de minutes dans un déluge de feu ; stupide iceberg annihilant un géant des mers réputé « insubmersible », et vulgaires canifs maniés par des pilotes amateurs mais capables de mettre en échec le système de renseignement le plus sophistiqué de l'univers...

Dans les deux cas, la catégorie de l'*impensable* s'impose avec une terrifiante brutalité : ces deux catastrophes humilient en quelque sorte toutes les facultés de l'esprit et déchirent la toile fragile du jugement humain, nul n'ayant sérieusement imaginé et encore moins prévu que de telles catastrophes surviendraient. Et puis on ne saurait se défendre de rapprocher les victimes du navire de celles des tours : le bâtiment où ils se trouvaient est leur tombeau ; amas de ferrailles tordues et disloquées dans un cas, épave lugubre gisant par 4 000 mètres de fond dans l'autre. Deux représentations du désastre total et de la mort.

Encore faut-il ajouter que ces deux catastrophes ont suscité leurs héros – pompiers ou sauveteurs improvisés de New York, passagers et membres d'équipage du *Titanic* –, démontrant avec éloquence que l'entraide et l'acceptation du sacrifice personnel sont parfois plus fortes que tous les instincts de survie et de fuite... Et c'est d'ailleurs ce qui fait la grandeur de l'homme.

Tout cela mis bout à bout explique l'extraordinaire résonance de ces deux catastrophes emblématiques. Nous découvrons ou redécouvrons à leur contact que nous évoluons dans un environnement potentiellement toujours hostile, que le « risque zéro » est un pur fantasme (que valaient en effet les fameuses « cloisons étanches » du *Titanic* censées lui offrir un blindage inviolable ?) et que, si l'exigence maniaque de sécurité est un dérèglement pathologique de sociétés globalement nanties, la valeur de la vie est un bien d'autant plus précieux qu'il est fragile.

C'est là une leçon que de terribles tragédies récentes, d'origine naturelle ou d'ordre technologique – tremblement de terre en Haïti, drame de Fukushima, etc. – nous rappellent à échéance régulière. Savons-nous les entendre ?

Il était une fois un bateau qui s'appelait le *Titanic*. Il ne vécut pas heureux, se brisa presque aussitôt après avoir célébré ses noces avec l'Océan, et, loin d'engendrer une féconde postérité, fit bien des veuves et des orphelins.

Cette histoire centenaire, triste et grande, continue à s'écrire. Elle a la voix et le visage d'un mythe – un mythe d'acier, d'écume, de larmes. D'espérance aussi.

Lettre de Julien Gracq à l'auteur :

« *St Florent, 27 septembre 1998*

Cher Monsieur,

Merci pour votre envoi, et pour ces variations originales et parfois brillantes sur le sort du Titanic. *Vous savez sans doute que l'un des enfants Navratil[4] sauvés du naufrage est entré à l'École, où je l'ai connu en 1930-33. Son seul souvenir était d'avoir été hissé, furieux, à bord du* Carpathia, *dans un sac à pommes de terre ; il devait avoir trois ans.*

Avec mes sentiments les meilleurs,

J. Gracq »

---

4. Michel Navratil, né en 1908, entra à l'École normale supérieure en 1928, dans la même promotion que Simone Weil, Robert Brasillach et Thierry Maulnier. Auteur de plusieurs ouvrages dont *Les tendances constitutives de la pensée vivante* (PUF, 1954), il fut professeur de philosophie et de psychologie. Avant de s'éteindre en 2001, il était devenu le dernier rescapé français du naufrage.

« Comme l'esprit des Titans
Aujourd'hui au loin bouillonne,
Et comme se transforme en rouille
Tout ce qu'il a formé jadis !

Ils espéraient – les fous, les fous !
Que leur effort aboutirait.
À présent craquent de partout
La tôle et le caillebotis.

L'informe gît autour de nous,
Entassé en piles grossières.
Patience ! Ce résidu
Lui aussi se dispersera.

Car ils créèrent eux-mêmes
Ce qui les anéantit
Et tombent avec le fardeau
Dont ils s'étaient chargés eux-mêmes. »

Friedrich Georg JÜNGER, *Ultima Ratio.*

INTRODUCTION
(1998)

C'est un motif de surprise répétée pour l'observateur qui s'interroge sur le naufrage du *Titanic* de voir à quel point, depuis cette fameuse nuit du 15 avril 1912, ce drame *étonnant*, dont les détails sont aujourd'hui parfaitement connus, a marqué les esprits. La fortune sans égale du film de James Cameron est venue rappeler, s'il en était besoin, l'extraordinaire fascination que la ruine impensable du « géant des mers » n'a cessé d'exercer sur la conscience mondiale. Cette puissance inentamée du mythe, cet événement singulier à beaucoup d'égards, auquel nulle autre catastrophe maritime ne peut se laisser comparer, excite au plus haut point la réflexion.

Il n'est peut-être pas vain de chercher à comprendre cette séduction dont on ne juge pas qu'elle s'essoufflera un jour. Les témoignages souvent émouvants des survivants (dont quelques-uns sont encore bien vivants à l'heure présente), les travaux innombrables des chercheurs et des historiens, les actes des différentes commissions d'enquête qui se sont constituées aussitôt l'accident connu afin de faire toute la lumière sur l'affaire, le remarquable travail enfin de l'équipe franco-américaine qui a découvert et exploré le navire gisant par 3 800 mètres de fond, couvert d'une épaisse végétation marine et semblant vivre encore d'une seconde vie muette et sinistre, tous ces arrêts du reportage et de l'Histoire n'ont cessé d'alimenter la réflexion sur ce qui demeure l'une des plus terribles péripéties de la technique moderne.

De fait, tout conspire à faire du *Titanic* un merveilleux sujet d'investigation – qui n'a d'ailleurs pas manqué d'aiguiser les appétits des romanciers et des scénaristes et de nourrir la curiosité des chercheurs de trésors. Aucune zone d'ombre ne s'attache toutefois à cette légende. Nul mystère de taille n'entoure plus la disparition du navire. Quelle ombre épaisse, au contraire, se serait abattue sur ce drame si le *Carpathia* n'avait pu recueillir à son bord, à l'aube, les rescapés du *Titanic*! Il s'en est pourtant fallu d'un fil : on raconte en effet que l'appel de détresse lancé par le fleuron de la White Star Line fut intercepté par miracle (l'opérateur du *Carpathia*, s'apprêtant à gagner son lit, défaisait ses chaussures, le casque encore sur la tête…) et ne fut même adressé que grâce à un heureux rétablissement *in extremis* des services de T.S.F. du *Titanic,* lesquels étaient tombés en panne quelques heures avant le drame. Ainsi le navire aurait-il parfaitement pu s'évanouir sans laisser la moindre trace… On imagine l'abondance des conjectures et des folles hypothèses qu'une telle disparition eût suscitées! Bien plus qu'à la mystérieuse fin d'Alain Colas, une telle énigme l'eût disputé au mythe de l'Atlantide.

De fait, c'est la force des symboles qui seule aiguise la curiosité et alimente le rêve. Tout a été dit du luxe de bon goût qui régnait à bord, des merveilles technologiques que le *Titanic* abritait, des ambitions du constructeur, de l'arrogante assurance du propriétaire de la compagnie. La date même du naufrage, survenu deux ans avant cette Première Guerre mondiale où l'Europe fit elle-même naufrage, n'a pas laissé d'attirer l'attention : la catastrophe atlantique ne fut-elle pas le signe précurseur de la ruine retentissante où le vieux continent allait abîmer sa puissance et épuiser ses rêves de domination universelle ? Il est également entendu que le terrible naufrage, l'un des plus meurtriers de l'Histoire, mit un terme brutal aux folles prétentions « cartésiennes » de domination de l'Homme sur la Nature. En outre, les conditions climatiques exceptionnelles dans lesquelles se déroula ce voyage inaugural ont été souvent rappelées. L'accident même, consécutif au heurt d'un iceberg, fut d'une nature extrêmement peu courante dans l'histoire de la navigation, où l'on ne compte plus les incendies, les abordages, les collisions avec des épaves errantes, mais où, précisément, les naufrages dus à la rencontre avec la glace s'avèrent fort rares. Et puis, que le *Titanic* ait émis le premier S.O.S. de l'Histoire renforce incontestablement le mythe. Il s'observe là une conjonction rêvée de facteurs qui tendent comme par prédestination à recouvrir ce magistral fait divers d'un éclat inaltérable. Le roman du *Titanic,* pour n'en être pas moins noir, offre à l'évidence la trame d'une histoire lumineuse comme on n'en saurait rêver.

Le présent texte ne vise en aucune façon à décrire à nouveaux frais les derniers moments du *Titanic.* D'autres, mieux qualifiés, l'ont déjà fait. Il ne constitue pas davantage une énième enquête prétendant jeter quelque lueur nouvelle sur le drame. Ce serait là une postulation tout à fait hors de la mesure de son auteur. En s'appuyant sur le témoignage de philosophes et d'essayistes et en recourant à de nombreuses références littéraires ou artistiques, il veut répondre à la question suivante : pourquoi le *Titanic* occupe-t-il une place si singulière non seulement dans les annales du transport maritime, mais dans l'histoire pourtant bien mouvementée de ce siècle ainsi que dans la mémoire des peuples ?

Rappelons enfin que si le drame du *Titanic* a fourni la matière de quantité de romans, de nombreux films (on comptait déjà une bonne dizaine de productions cinématographiques avant le triomphe de la réalisation de James Cameron), de plusieurs chansons et même de quelques comédies musicales, en revanche il ne semble pas qu'il ait significativement alimenté la pure réflexion. Certes, il inspira à Thomas Hardy l'un de ses meilleurs poèmes et au philosophe Alain quelques pensées profondes mais détachées. Ernst Jünger (frère du poète Friedrich Georg Jünger, dont un poème ouvre ce livre) crut déceler dans cet accident le signe éminent d'une certaine faillite mondiale et le symbole de l'entrée de l'humanité dans l'âge de l'*insécurité* et de l'*angoisse*. D'autres encore en ont parlé, parfois de la façon la plus sagace ou la plus originale, mais comme en passant, par simples saillies ou en traits déliés. Le présent ouvrage voudrait proposer une lecture plurielle du « naufrage du siècle » pour mieux élucider les enjeux culturels, philosophiques, spirituels qui peuvent rendre compte de la fascination que le défunt joyau de l'Atlantique n'a cessé d'exercer depuis cette mémorable nuit étoilée d'avril 1912.

Chapitre I

LA CHUTE DE LA MAISON *TITANIC*
OU LES AFFRES DE LA TECHNIQUE

C'est devenu une banalité de dire du drame du *Titanic* qu'il a comme rogné les ailes aux prétentions prométhéennes de l'humanité, qu'il a brisé sans retour le rêve insensé de domination universelle sur la nature. Il est entendu que la triste fin de cette merveille technologique « pratiquement insubmersible » (suivant l'avis de ses concepteurs), fier vaisseau dont d'aucuns assuraient que Dieu même n'eût pu le faire chavirer, a profondément entaillé la conscience conquérante de l'humanité.

Cela est vrai, comme est vrai tout lieu commun, mais l'on ne s'explique pas bien par là pourquoi c'est au *Titanic* qu'est revenu l'honneur insigne d'incarner ce naufrage de l'humanité technicienne. Car les annales des sciences et des arts regorgent d'histoires de naufrages et de drames. Certes, ce n'est pas la *Méduse*, immortalisée par la toile de Géricault, qui pourrait symboliser une telle ruine des espoirs prométhéens, d'abord parce que le naufrage de ce voilier intervint avant que l'humanité eût pénétré dans l'ère de la technique moderne, ensuite parce qu'il dut être mis au compte de l'incroyable impéritie de son capitaine. Mais enfin, que de désastres modernes ! Pourquoi donc nulle catastrophe ferroviaire ou aérienne, pourquoi l'accident du Zeppelin *Hindenburg*, pourquoi d'autres sinistres maritimes antérieurs ou postérieurs au *Titanic* ne sauraient-ils se hisser à la dignité du drame dont fut victime cette éternelle vedette des mers ?

On se souvient qu'en 1987, la navette *Challenger* de la NASA explosa juste après son décollage dans le ciel de Floride, à l'heure où les ingénieurs de l'espace voulaient ouvrir les mystères de l'univers au plus grand nombre et où l'un des passagers du *shuttle*, institutrice de son état, avait déclaré avant d'embarquer que la conquête du ciel était sur le point de livrer ses derniers secrets. À l'Homme, qui avait dompté depuis longtemps son habitacle terrestre, revenait en dernier ressort la tâche de soumettre définitivement l'Éther. Un cours « intersidéral » avait même été préparé par l'enseignante scrupuleuse et proprement « survoltée ». Et puis cette merveille de technologie disparaît, sous l'œil des caméras, dans un spectaculaire déluge de feu que le pénétrant Fontenelle, le fantasque Cyrano de Bergerac, l'inspiré Jules Verne, tous prophètes du voyage dans la Lune, eussent été fort en peine de se représenter.

Certes, ce drame provoqua une vive émotion, comparable à celle causée par le crash du Concorde (autre mythe moderne auquel on pourrait associer les mots que Roland Barthes utilisait dans ses *Mythologies* au sujet de la Citroën DS : « La nouvelle Citroën tombe manifestement du ciel dans la mesure où elle se présente d'abord comme un objet superlatif » !), quelques années plus tard au nord de Paris. Mais on peut estimer avec le recul qu'en dépit des négligences singulières qui en furent à l'origine, il s'inscrivit dans le livre ordinaire des vicissitudes de l'aventure spatiale. Alors même que la fusée faisait appel à des technologies infiniment plus développées que le *Titanic,* pourquoi cette catastrophe pourtant saisissante n'a-t-elle nullement engendré la même commotion psychologique ? Faut-il penser que l'on était « immunisé » depuis cette fameuse nuit du 15 avril 1912 et que plus aucun désastre de la technique ne pourrait de nouveau plonger l'humanité dans une émotion comparable ?

C'est que le *Titanic* jouit d'un statut absolument unique dans l'histoire collective.

1912... Époque qui, à certains égards, nous paraît si reculée qu'on se demande par quel prodige une si étonnante machine a pu être conçue et construite sans le concours de l'informatique, alors qu'on n'imagine plus aujourd'hui de pouvoir dessiner une carrosserie de voiture ou un ski sans ce support précieux.

1912... L'industrie automobile connaît un beau printemps ; mais c'est avec amusement et non sans quelque condescendance que l'on peut croiser, dans les musées de l'auto, ces curieuses créatures mécaniques souvent à ciel ouvert, agrémentées de leviers, de chaînes et de manivelles, appuyées sur des roues boyautées qui rappellent le « vélocipède »... L'aviation en est encore au stade de la petite enfance, affligée de l'inexpérience et des maladresses inhérentes au très jeune âge. La science médicale peine à se développer et, si l'on en croit le circonspect Marcel Proust, l'art thérapeutique se confond encore avec une espèce de sorcellerie évocatoire. Le cinéma ne parle point et il n'a pas encore songé à prendre des couleurs. Même les progrès pourtant considérables de l'armement paraissent bien courts à l'échelle du siècle, remis sous la lumière de l'épopée atomique. Bref, notre environnement technique contemporain nous invite instinctivement à nous gausser de ce dont nos pères s'enorgueillissaient au plus haut point.

Reste le *Titanic,* devant lequel la postérité s'incline avec le plus grand respect. Un peu comme ceux qui, descendants des passagers du *Mayflower,* sont reliés à ce navire par des liens quasi mystiques et en éprouvent un indéracinable orgueil, tous ceux qui eurent le « privilège » de monter à bord du *Titanic* y puisèrent

rétrospectivement de puissants motifs de fierté, jusqu'aux membres
rescapés de l'équipage chez qui ce sentiment n'allait pas sans
paradoxe puisqu'ils avaient été, sinon les responsables, du moins
les témoins impuissants d'une des plus retentissantes catastrophes
maritimes de tous les temps. Un ancien boulanger du *Titanic* qui
avait servi sur tous les grands *liners* – l'*Olympic,* le *Majestic,* le
Mauretania – n'en démordit jamais : aucun des paquebots ne pouvait
se laisser comparer au *Titanic.* Walter Lord, auteur américain de
La Nuit du Titanic (*A Night to Remember,* 1955), l'interrogea des
années après le drame, alors qu'il officiait dans les cuisines du
Queen Elizabeth, qui ne passait pas exactement pour un rafiot. La
relation de ses souvenirs, peut-être embellis par le temps, laissait
exploser une passion jalouse et exclusive pour le défunt géant
des mers. « Jamais aucun navire ne le vaudra, confia-t-il à son
interlocuteur. On pourra toujours en construire de plus grands et de
plus rapides, mais jamais d'aussi beaux. Le *Titanic* était un navire
magnifique, merveilleux. » Opinion assurément partagée par tous
ceux qui avaient vu « la bête », et par ceux-là même qui, non sans
raison, en conservaient le plus mauvais souvenir. Opinion à laquelle
la postérité se rallia sans réserve.

Il y a quelque chose d'étrange et d'inexplicable dans cette absolue
modernité idéelle du navire. Nul n'aurait le front d'en estimer la
technologie obsolète. Certes, elle l'est à bien des égards ; dès les
années 20, la marine de guerre accomplira d'immenses progrès
que nul n'eût pu soupçonner avant 1914. Mais la haute figure du
Titanic inspire la plus haute faveur. On ricane d'autant moins devant
les cathédrales gothiques que l'on sait bien l'homme moderne
incapable d'en « construire à l'identique », dépourvu qu'il est de
la ferveur, de la patience industrieuse et du savoir-faire nécessaires
à l'érection de tels monuments. On ne se gausse pas davantage
au spectacle du *Titanic,* tant il est vrai qu'on ne se lassera jamais
d'admirer cette merveille d'acier (qui redouble de beauté du fait
même de sa disparition et de la nostalgie qu'elle inspire). On se

demandera seulement, presque incrédule, comment nos pères ont été capables d'une telle prouesse.

L'histoire des sciences et des techniques offre en vérité peu d'objets d'enthousiasme rétrospectif : on salue les théories d'avant-garde et l'on cultive le souvenir des grands cerveaux, mais il ne viendrait à l'idée de personne de s'extasier devant la première machine à vapeur, le premier métier à tisser ou un poste de T.S.F. du début du siècle, toutes inventions qui ont pourtant révolutionné la face du monde. Peu de réalisations techniques des temps passés sont entrées au mémorial de l'admiration universelle : aucune prime affective n'est accordée à ces frustes machines, premières et primitives.

Le *Titanic* fait exception à cette espèce d'attitude supérieure et blasée des générations qui portent des regards dédaigneux sur les œuvres de leurs prédécesseurs. Il n'est guère que les grandioses réalisations d'architecture mâtinées d'esthétisme qui soulèvent l'enthousiasme, qu'il s'agisse par exemple des pyramides d'Égypte ou du pont du Gard. Mais la lunette astronomique de Galilée, dont découla un formidable progrès dans l'étude du macrocosme, mais le microscope de Leeuwenhoek, qui marqua un puissant bond en avant dans la découverte du microcosme, excitent tout au plus les sens de quelques collectionneurs ou des historiens de la science. Il y a bien la tour Eiffel, dont on pourrait penser qu'elle pût susciter une émotion *titanesque,* mais elle est aussi bête qu'un menhir, et chaque Parisien peut l'embrasser du regard tous les jours, ce qui nuit singulièrement à la puissance du mythe.

Le *Titanic* donne ainsi des aliments inépuisables à l'extase et à la perplexité. On connaît aujourd'hui la taille et la forme approximatives du colosse de Rhodes ; pour autant, il n'impressionne pas plus que les autres Merveilles du monde également disparues et dont on s'est formé une idée précise. Alors que l'architecture de l'Égypte des Pharaons soulève l'enthousiasme : comment ont-ils seulement pu élever ces pyramides ?

Comment ont-ils seulement pu construire le *Titanic* ? Question dont on s'étonne d'autant plus qu'elle fasse la matière d'une question, toujours pendante, que le *Titanic* n'est naturellement pas un produit isolé. Vers 1908-1909, la White Star arme simultanément deux autres paquebots, l'*Olympic* et le *Gigantic,* qui ne le cèdent apparemment en rien à leur *sister ship.* D'autres navires de la même génération, d'un tonnage comparable, par exemple le *Mauretania* ou le *Lusitania* (dont on sait la fin presque aussi tragique que celle du *Titanic*), se sont lancés avec orgueil et succès à l'assaut de l'Atlantique. Depuis la fin du XIXe siècle, sur fond d'intérêts financiers vertigineux et de considérations géopolitiques, une concurrence effrénée oppose les compagnies anglo-saxonnes et les compagnies allemandes – et françaises dans une moindre mesure. D'évidence, les prouesses flottantes constituent non seulement un solide mobile de fierté nationale, mais aussi un élément de choix dans la politique de puissance des grandes nations. Le *Titanic* n'est donc pas une curiosité isolée, il s'intègre dans une longue lignée de géants des mers et dans une stratégie déclarée d'affirmation nationale.

Mais tous ses rivaux, à l'exception du *Lusitania,* ont à peu près sombré dans l'oubli. Le grand public ne veut plus connaître que le *Titanic* qui, à tort et à raison, lui paraît techniquement inégalable.

Inégalable, le *Titanic* l'est en effet sous un certain rapport. Tous ceux qui en ont étudié les plans et les « traits de caractère » s'accordent à reconnaître son insurpassable robustesse et son très haut niveau de sécurité (on reviendra sur ce point), mais aussi son espèce de perfection « transcendante » que les progrès des sciences et des techniques n'ont nullement entamée. La qualité de son système de navigation, son double fond, la réalisation de compartiments indépendants permettant le maintien à flot du navire en cas de voie d'eau, tout conspire à en faire un « cas d'école ». Techniquement, le *Titanic* est plus qu'en avance sur son temps. Un demi-siècle plus tard, il semblera encore impossible, en matière de sécurité, de faire non seulement mieux, mais même aussi bien. Aussi, si l'on ne craignait l'emphase, serait-on porté à dire qu'il y a eu un miracle *Titanic* dans l'ordre de la technique comme il y eut un « miracle grec » ou un « miracle égyptien » dans le champ artistique.

Mais il va sans dire que la singulière et impérissable fortune du *Titanic* tient pour une part déterminante à des facteurs partiellement étrangers à la technique. C'est d'avoir coulé, et d'avoir coulé dans les conditions qu'on connaît, qui a constitué, si l'on ose dire, la chance historique de ce navire.

L'étonnant, en effet, dans toute cette histoire, n'est pas que le bateau, aussitôt baptisé, ait pu fausser compagnie de la sorte aux apôtres du progrès. Le prodige tient au fait qu'on a cru, avant d'être subitement détrompé, qu'un tel bâtiment pouvait être absolument garanti contre les dangers de la mer. On paraissait penser que l'élixir de jouvence des navires avait été trouvé, que le mouvement perpétuel au creux des vagues était devenu une réalité. Or nous ne parvenons pas à nous expliquer par quel miracle on finit par juger qu'une telle construction était à l'abri de toutes les avaries propres au transport transatlantique.

Certes, on n'ignore point la fortune de maints slogans trompeurs – cette guerre sera la « der des der », la médecine terrassera un jour toutes les maladies, l'extinction du paupérisme est irrésistible, etc. – qui ont souvent la vie dure avant d'être démentis par la méchanceté des hommes ou l'opiniâtreté des faits ; toutefois ces croyances consolatrices ne sont pas matériellement contradictoires. (Il pourrait se faire, après tout, que les hommes finissent un jour par renoncer à toutes les guerres, que la médecine triomphât des affections les plus malignes, que le progrès économique entraînât une réduction spectaculaire des inégalités.) Avec le *Titanic,* le paradoxe est d'une toute autre portée. Comment a-t-on pu croire et professer qu'une telle œuvre était « pratiquement insubmersible » (bien que quelques esprits plus avisés aient entretenu de sérieux doutes à ce sujet), alors même que les matériaux qui avaient servi à sa construction s'opposaient en eux-mêmes au plus haut point à la vérification d'une telle thèse ?

Car il ne faudrait pas perdre de vue cette donnée d'une si élémentaire vérité qu'on finit par ne plus du tout la prendre en considération : c'est que *le bois flotte* et que *le fer ne flotte pas*. Or, du temps que les bateaux étaient composés essentiellement de bois, jamais la marine n'avait donné la moindre prise à l'idée si insane de l'insubmersibilité d'un quelconque bâtiment. Il fallut attendre le temps de la maîtrise des mers par des forteresses de métal pour qu'une telle fantaisie commençât de prendre corps. Et c'est à partir de ces fabuleux renversements psychologiques qu'on peut évaluer à quel point la révolution industrielle a bouleversé notre paysage mental.

Les effets de la révolution industrielle sur le temps mesurable se sont très vite et très puissamment fait sentir dans le domaine de la navigation maritime. Il faudra attendre l'extrême fin du XIXᵉ siècle pour que les premières automobiles développent une vitesse sensiblement supérieure à celle du cheval, certes précédées dans cette accélération cinétique par le rail. Aussi Napoléon, qui ne connaît ni le rail ni l'auto, ne circule-t-il guère plus rapidement sur terre que César ou Alexandre le Grand. Mais la marine, renonçant aux vents et au bois, accomplit un extraordinaire et très précoce saut qualitatif.

Le palmarès du « Ruban bleu de l'Atlantique » parle de lui-même. Vers 1820, les navires les plus rapides effectuent la traversée en un petit mois. Vingt ans plus tard, le chronomètre est tombé à une quinzaine de jours. En 1860, le *Great Eastern* affiche un record de 8 jours et 12 heures. En 1911, le *Mauretania* accomplit le voyage en moins de 5 jours. Ce formidable bond en avant qui met un terme définitif à ces longues croisières où l'on s'ennuyait ferme unifie le monde civilisé beaucoup plus tôt et beaucoup plus efficacement que nos modernes sectateurs de la globalisation des marchés et de la révolution de l'information ne sont portés à le croire. Cinq jours pour parcourir plusieurs milliers de kilomètres, à une vitesse de plus de 25 nœuds par heure, ce n'est tout de même pas rien !

Ces extraordinaires progrès qui nous paraissent aujourd'hui si plats sont dus en substance à une salutaire transgression de certaines des lois de la physique les plus élémentaires : mettre à l'eau des structures où le bois ne joue plus guère qu'une fonction décorative et renoncer à l'énergie la plus naturelle, celle des vents. Il faut imaginer ce qu'eût pu être la réaction d'un Magellan, d'un Duguay-Trouin ou même, un peu plus près de nous, d'un Nelson – ces demi-dieux des mers – si on leur avait suggéré de faire construire d'immenses bâtiments cuirassés de fer, privés de tout mât et de toute voile au profit d'un combustible d'un genre nouveau. Nul doute qu'ils auraient crié au fou : ces machines infernales ne pouvaient que couler à pic aussitôt immergées dans l'eau. En supposant même qu'un miracle les retînt à la surface, comment auraient-elles pu avancer ?

Pour se pénétrer donc de l'inébranlable conviction (au demeurant étayée par les démonstrations des architectes-concepteurs et des scientifiques) selon laquelle le fleuron de cette marine sans voile pouvait affronter avec succès toutes les rigueurs de la mer, il fallait avoir véritablement accompli une étonnante révolution mentale. Et le drame du *Titanic* constitue à son tour une révolution à rebours, aussi importante par ses répercussions. Désormais, toutes les commissions maritimes internationales « plancheront » sur la question de la sécurité à bord des navires, qui deviendra l'un des chevaux de bataille des professionnels de la mer.

Jadis, il fallait un étonnant courage pour affronter les océans. Longtemps la mortalité des équipages fut proprement vertigineuse. L'état de marin était l'un des plus exposés qu'on pût concevoir. Quelle famille de pêcheurs ne portait le deuil ininterrompu d'un ou plusieurs proches disparus en mer ? Puis vint le temps de la sécurité à bord des grands navires commerciaux, au point que l'on estimait au tournant du XXe siècle que le bateau représentait le mode de transport *le plus sûr au monde*. On comprend d'autant mieux que le drame du *Titanic* (qui fit plus de mille cinq cents morts) ait constitué un fabuleux motif de stupéfaction et de scandale, quelque chose comme une très mauvaise blague du destin.

Nul cependant ne fut d'humeur à prendre en bonne part le comique de cette situation. L'émotion ressentie dans le monde entier quand on eut appris le désastre fut en revanche à proportion des espérances démesurées que l'on avait placées dans le pouvoir de la technique. On sait que le Kaiser lui-même adressa des messages de condoléances et que les compagnies transatlantiques allemandes, concurrentes acharnées qui, après tout, auraient pu se délecter d'un tel revers et en retirer un motif de joie mauvaise et de satisfaction inavouable, furent sincèrement choquées par l'événement. Le roi d'Angleterre George V, le Président des États-Unis Taft, dont les compatriotes payèrent le prix fort dans le drame, reçurent d'innombrables messages d'amitié du monde entier. Un long travail de deuil commençait.

De fait, l'humanité moderne effectuait, avec le naufrage du *Titanic,* une entrée « fracassante » dans l'âge de l'angoisse et de l'insécurité.

La date du drame est à cet égard et au plus haut point symbolique. Elle précède de deux courtes années le début de la Première Guerre mondiale, lançant ainsi au vieux Continent une lugubre apostrophe prémonitoire dont le sens « augural » ne sera saisi qu'à titre rétrospectif.

L'empire de la confiance universelle dans les ressorts de la technique est alors indisputé. Le conflit européen approche, certes, mais, à l'instar de l'iceberg qu'on croit pouvoir contourner sans peine, la conjoncture internationale n'est-elle pas garantie contre le chaos final grâce à ces heureux coups de gouvernail de dernière heure et au doigté providentiel des gouvernants et des diplomates, comme l'on put effectivement le mesurer en 1905 ou en 1911, au travers de ces crises qui furent heureusement dénouées à la faveur du sang-froid des politiques ? Le volontarisme politique n'a-t-il pas vocation à surmonter les épreuves et à parer les coups, de même que le volontarisme technicien a notamment pour fonction de rendre les hommes absolument maîtres des océans ?

Mais, dans l'espace de deux petites années malheureusement si riches d'enseignements, le génie de la technique comme celui de la politique se découvrent également impuissants et essuient la pire humiliation qu'on pût imaginer. Août 14 marque une monstrueuse défaite de la raison humaniste ; la nuit du *Titanic* abaisse singulièrement la raison technicienne.

Il convient en effet d'insister sur le fait que la nuit du *Titanic* ouvre l'ère des *désillusions de la technique*. La technique libératrice, la technique qui donne des ailes à l'initiative humaine et qui supprime les vieux obstacles qui l'empêchaient sur sa route conquérante, devient la technique qui non seulement tue ceux qui se sont fiés à elle, mais qui engendre en outre un climat d'appréhension désormais irréversible.

Ernst Jünger, qui fut l'un des premiers penseurs de la Technique moderne (avant Heidegger), a produit quelques pages lumineuses sur l'accident du *Titanic*, qui vient briser l'extraordinaire euphorie de ce nouvel âge d'airain. L'introduction de la mécanisation dans le travail et dans la vie quotidienne soulage les bras humains ; mais elle se traduira rapidement par une terrifiante mécanisation des armées et par un fabuleux essor des moyens de destruction massive.

Les drames techniciens sont sans commune mesure avec les catastrophes de l'humanité *naturelle,* qui n'a au fond à redouter que le déchaînement des éléments, la puissance dévorante du feu, de l'eau ou des vents. C'est à l'âge industriel, au stade de la maturité des machines-outils, que prend tout son sens le concept de la fin des temps et que l'Apocalypse, réintroduite sur un plan où l'on n'imaginait pas qu'elle pût réapparaître, s'offre pour ainsi dire une nouvelle jeunesse. Le traumatisme continué qu'inspire cette catastrophe industrielle est d'autant plus grand qu'il s'y observe une certaine rationalité hiératique. Le *Titanic* se rompt en deux sections, mais il ne se disloque pas, il ne se désintègre pas comme une navette spatiale qui s'émiette sous le coup de l'explosion ; sa partie arrière se dresse, comme mue par des leviers d'une puissance surhumaine, puis sombre dans les eaux avec une impeccable « dignité ». Des rescapés rapportent que le *Titanic* évoqua à ce moment précis un canard qui barbote. L'image, pouvons-nous penser, n'est guère heureuse. Le *Titanic* a fendu l'eau comme ces athlètes artistes qui savent plonger à pic sans soulever la moindre ride sur l'eau. Toute cette fin est dans la nature du *Titanic* : mécanique, rigoureuse, froidement automatique, « sans bavure ».

Dans *Le Mur du Temps* (*An der Zeitmauer*), Ernst Jünger écrit :

> « Avec le naufrage du *Titanic,* la perte se présente pour la première fois sous des formes qui, depuis, nous sont devenues familières. On a connu de bonne heure des catastrophes techniques ; l'effondrement du grand amphithéâtre à l'époque de Tibère en offre un exemple. Le nouveau, ce sont les caractères automatiques qui conviennent et contribuent à l'échec du projet. Qu'avec le *Titanic* il s'agisse vraiment d'un immense événement, d'un signe ou d'un augure, comme on eût dit autrefois, sa valeur de symbole le révèle déjà. Chaque détail est significatif et, dans notre récente histoire, seule l'affaire Dreyfus possède un tel poids spécifique. Le naufrage du *Titanic,* c'est *le Naufrage,* comme l'affaire Dreyfus est l'*Affaire.* Ce sont des modèles de notre technique et de notre politique et qui le resteront, bien que, depuis lors, d'autres et plus puissants navires aient sombré, et les injustices se soient accumulées comme les sables de la mer. »

On ne saurait mieux dire que le drame du *Titanic,* signe lugubrement pédagogique des défaillances et des infranchissables limites de la Technique, est la matière indépassable d'une espèce de haute parabole du monde contemporain ou l'une des grandes figures de la conscience occidentale aux prises avec ses propres œuvres.

Le *Titanic* marque l'échec retentissant du plan et des outils mécaniques qui réalisent le plan, au moment où les apories d'une conception presque faustienne de la science apparaissent au grand jour. Seule l'accumulation des expériences malheureuses arme l'homme de méfiance et de vigilance. Combien de naufrages a-t-il fallu pour que l'idée se fasse jour que la navigation était décidément un art périlleux ? Mais une seule catastrophe, la plus étendue et la plus spectaculaire de l'histoire de la marine, suffit à faire prendre conscience du caractère irréductiblement vulnérable de toutes nos réalisations techniques. Le philosophe Emmanuel Levinas aimait à insister sur l'idée de la vulnérabilité radicale de l'homme, dont il fit l'un des thèmes les plus développés et les plus originaux de sa pensée. Ne peut-on penser que la fin du *Titanic* symbolise l'identité ontologique du genre humain, capable de se rire des plus grands dangers et de construire les machines les plus formidables, mais susceptible d'être brutalement arrêté dans sa course par un caillou sur la route ou par un vilain glaçon à fleur d'écume ?

Et Jünger relève encore avec la plus grande justesse que « le naufrage a mis en lumière, entre autres choses, les dangers du record ». Certes, il est aujourd'hui établi que le *Titanic* ne briguait nullement l'honneur de la traversée la plus rapide de l'Atlantique. Cette prétention eût d'ailleurs paru insensée, les machines se trouvant en phase de rodage et n'étant donc point considérées comme susceptibles de fournir le meilleur d'elles-mêmes. Les moteurs étaient encore bridés, et il s'agissait en quelque sorte d'un tour de chauffe protocolaire et commercial. L'idée selon laquelle Bruce Ismay, le patron de la White Star, aurait éperonné le commandant et galvanisé toute l'équipe par simple crânerie et dans le vaniteux dessein de faire développer au *Titanic* sa puissance maximale relève de la légende. Il n'en reste pas moins que la White Star était fort sensible à la performance et qu'elle n'eût point répugné à établir « un bon temps » pour une première traversée : si le *Titanic* fait encore figure de joyau technique de ce siècle, il apparaissait d'abord aux yeux de ses concepteurs et de ses propriétaires comme la vitrine de la compagnie, la dernière arme qui allait en remontrer à la concurrence et révolutionner la face des traversées océaniques. Bref, en sus de la maîtrise des éléments et de la domination de la nature, il convenait d'exercer une forte pression sur le temps qui s'écoule.

La performance fut d'une toute autre nature. D'où l'extraordinaire traumatisme qui, des rescapés et de leurs proches restés à terre, gagna le monde entier. Si l'on avait voulu gagner du temps en appuyant sur le champignon, c'était réussi !

Dans un autre de ses ouvrages théoriques qui évoquent en passant le drame du *Titanic, Le Traité du Rebelle,* Ernst Jünger a rendu compte de la peur singulière qui s'empara des esprits aussitôt l'événement connu. Il ne faut pas se le dissimuler : les hommes de ce siècle n'en mènent pas large. Ils n'ont pas la conscience tranquille, ni l'âme reposée. Depuis 1912, la peur est l'un des grands fardeaux de l'animal raisonnable. Et le naufrage du *Titanic* s'identifia avec l'une des plus pathétiques mises en scène de cet empire de la peur. Jünger écrit :

> « La peur nous désarme d'autant plus qu'elle succède à une époque de grande liberté individuelle, où la misère même, telle que la décrit Dickens, par exemple, était presque oubliée. Comment ce passage s'est-il produit ? Si l'on voulait nommer l'instant fatal, aucun, sans doute, ne conviendrait mieux que celui où sombra le *Titanic*. La lumière et l'ombre s'y heurtent brutalement : l'*hybris* du progrès y rencontre la panique, le suprême confort se brise contre le néant, l'automatisme contre la catastrophe. »

Toute la signification du drame est en effet renfermée dans ce *clash* des extrêmes, dans le choc de la lumière et de l'ombre, du progrès de la raison industrieuse et de l'anarchie des affects au moment précis où le bateau commence de plonger, où le luxe des installations se décompose, où la rationalité technicienne cède au mouvement aveugle de l'eau. En cela, le naufrage incarne la dialectique même de la modernité : il constitue l'avertissement le plus solennel contre les égarements de la confiance illimitée de l'homme dans l'homme et dans ses œuvres, il résume dans un curieux précipité de tôle et d'eau salée les promesses déçues et les écueils insurmontables du règne de la technique.

La philosophe Simone Weil qui, elle aussi, médita, par des chemins différents, sur l'extraordinaire insécurité du monde contemporain, a su dépeindre avec un profond génie ce sentiment dominant de désarroi, d'anxiété, d'attente d'on ne sait quoi. Dans un projet d'article daté de la fin de 1938 qui s'intitule « Désarroi de notre temps » (ce papier fut donc rédigé deux ans avant le cataclysme de la Seconde Guerre mondiale, comme le naufrage du *Titanic* précéda de deux ans le début de la Première), elle note :

> « … le sentiment de la sécurité est profondément atteint. Ce n'est pas absolument un mal, d'ailleurs ; il ne peut y avoir de sécurité pour l'homme sur cette terre, et le sentiment de la sécurité, au-delà d'un certain degré, est une illusion dangereuse qui fausse tout, qui rend les esprits étroits, bornés, superficiels, sottement satisfaits ; on l'a assez vu pendant la période dite de prospérité, et on le voit encore dans quelques catégories sociales, de plus en plus rares, qui se croient à l'abri. »

Ce propos est d'une incontestable actualité… Comment ne pas songer à la « sotte satisfaction » des passagers du *Titanic* avant le drame ? Comment ne pas se référer aux douloureuses remises en cause des promesses de la *croissance,* après qu'on a appris, par les chocs pétroliers de 1973 et de 1979, que l'expansion n'est peut-être pas un processus linéaire, indéfini et exponentiel, que le risque de la précarité menace à peu près tous les groupes sociaux, que la vulnérabilité devant l'emploi est inscrite dans nos économies contemporaines, que l'euphorie boursière précède trop souvent des périodes de forte dépression économique et psychologique, que la mondialisation n'est pas heureuse pour tout le monde ? La fortune de l'expression même d'« horreur économique » est, au-delà des outrances et des fantasmes qui s'attachent à ce concept, le signe le plus éloquent d'un sentiment diffus et généralisé d'insécurité. L'« horreur technologique » que constitua le naufrage du *Titanic* a causé un même ébranlement universel.

Mais l'absence totale de sécurité n'est pas plus favorable à la santé de l'âme qu'une impression également trompeuse de sécurité absolue, surtout quand la catastrophe à venir prive de toute efficacité l'intelligence, le courage, l'activité des hommes. On lit à la fin de l'article de Simone Weil les mots suivants :

> « La crainte des grandes catastrophes collectives, attendues aussi passivement que des raz de marée ou des tremblements de terre, imprègne de plus en plus le sentiment que chacun peut avoir de son avenir personnel. »

Goûtons donc la confondante actualité de cette mise en garde et apprenons à composer entre la trop grande confiance et la défiance absolue.

Retour à notre bateau, monstre d'orgueil et d'assurance dont la prompte agonie prendra de court les esprits les plus prévenus contre les vertiges de la puissance humaine. La panique sera d'autant plus vive que le voyage débute sous le signe de l'optimisme, de l'insouciance, du luxe riant et des commodités stupéfiantes qu'une machine de deux cents mètres de long peut procurer à plusieurs milliers de passagers. Le sentiment enivrant d'une toute-puissance inconnue des générations précédentes – sentiment qui excite d'ailleurs dans les esprits étroits une morgue stupide et une condescendance ridicule à l'encontre des ancêtres – renforce l'apparente liberté de l'homme.

Mais les minutes du drame contiennent l'ébranlement de cette ère d'euphorie. Les conditions dans lesquelles le drame s'est déroulé jouent ici un rôle déterminant. Car, à parler rigoureusement, l'observation du naufrage du *Titanic* n'inspire nullement la même horreur que les classiques catastrophes maritimes, mutineries matées dans le sang, incendies ravageurs, abordages cruels des batailles navales, longues dérives des canots où l'on doit affronter la peur des requins ou de la tempête, l'aiguillon de la faim, voire certaine pratique du cannibalisme.

N'oublions pas l'impeccable sobriété du drame. D'ordinaire, ce sont les suites des naufrages qui frappent les consciences. Les vicissitudes de la *Méduse* seraient bien oubliées si Géricault ne s'en était pas mêlé et si cette catastrophe n'avait donné lieu à des scènes d'anthropophagie propres à flatter les affects d'un certain public. Rien de tel avec le *Titanic*. Certes, il ne saurait y être question de dégustation de chair humaine : il faut avoir enduré de longues semaines de privations avant de fomenter des plans gastronomiques à l'encontre de son voisin ! On veut simplement dire que rien de ce qui se passa *après* le drame n'a donné le moindre aliment (!) au goût du sensationnel, en dehors de la lâcheté dont témoignèrent certains occupants des canots, qui, de peur d'être submergés par de véritables grappes humaines, refusèrent de retourner sur les lieux du drame dont ils s'étaient éloignés à véhéments coups de rame. À la vivante carte sociale qui avait été dressée sur le navire en ordre de marche succédait la carte, non moins édifiante, des caractères et des vertus.

De la descente dans les canots jusqu'au repêchage des rescapés par le *Carpathia,* toute la scène se déroule dans la torpeur, dans la résignation, dans la crainte ou encore dans les larmes, parfois étayées par des agonies « en direct ». Mais il ne s'observe aucun débordement notable. À l'image de la mer qui est d'huile, les survivants ne feront pas de vagues. Spectacle d'ailleurs encadré par la beauté du panorama qui, au jour naissant, se découvre aux yeux des rescapés : une mer pavée d'icebergs qui eût mérité d'être immortalisée par la palette d'un Turner ou d'un Monet. Il n'y a donc nul vrai relief dans les heures qui suivent le naufrage. Le drame est tout entier concentré dans le fait même du naufrage, dans le moment fatal de l'accident.

Entre le moment où le navire percute l'iceberg et l'instant précis où il est entièrement englouti et disparaît aux yeux des « spectateurs » des chaloupes, il se sera écoulé quelque deux heures et demie, soit une durée supérieure aux estimations de l'ingénieur en chef Andrews (qui, ayant pris immédiatement la mesure du drame, donne au bateau *une heure* d'existence) mais qui nous semble démesurément brève. En deux heures et demie, le *Titanic* échange son statut de gloire indisputée des mers contre celui d'épave bientôt recouverte d'une grasse végétation aquatique. Dans *La guerre de Troie n'aura pas lieu*, Jean Giraudoux fait dire à Cassandre, à qui Andromaque demande ce qu'est le destin : « C'est simplement la forme accélérée du temps. »

Dès l'aube, les survivants du *Titanic* seront tous repêchés. Aucun canot ne s'est égaré. Le drame s'est joué en un seul acte. Une fois qu'il est parvenu à prendre place dans un canot et à échapper aux griffes du froid, le naufragé est proprement sauvé des eaux. Il n'y aura point de tragédie après le drame. Tout se joue en *accéléré*. Il n'y aura point de drame d'après naufrage, alors que le « charme » assez spécial de la plupart des catastrophes maritimes qui hantent la mémoire collective tient le plus souvent à l'« après-coulage ». *Que deviennent les rescapés ?*, voilà la première interrogation classique, comme dans les affaires policières l'on soulève la rituelle question : à qui profite le crime et où repose le cadavre ?

En 1871, le *Polaris* est victime d'un accident de même nature que celui qui coûtera si cher au *Titanic :* il heurte la banquise dans l'océan Arctique. Mais les occupants du bateau ne s'en tireront pas à aussi bon compte que les survivants du *Titanic,* repêchés presque *hic et nunc* par le *Carpathia :* le *Polaris* va dériver pendant 186 jours, dont 93 dans la nuit polaire ! L'ère de la technique rend de tels drames obsolètes. La navigation par satellite n'est certes pas encore née, mais les moyens de repérage en haute mer se sont déjà puissamment développés, depuis qu'en 1909 le *Republic* (qui appartient également à la flotte de la White Star Line) a lancé le premier appel radio de l'Histoire après être entré en collision avec le *Florida*. Avec le *Titanic,* qui a pu alerter par T.S.F. les bateaux qui naviguaient dans son périmètre, la question de savoir *ce que sont les rescapés devenus* ne se pose pas. Deux heures, trois heures au plus après le naufrage, la pièce est consommée entièrement. Le bateau du salut, le *Carpathia* donc, permet l'unité de temps de l'action, dont on sait qu'elle formait l'un des éléments constitutifs de la tragédie classique. Il n'y aura ni voyage périlleux à dos de radeau ni accostage sur quelque île déserte où se reconstituerait une petite société. L'heure des Robinsons est révolue.

La suprême ironie de l'histoire aura surtout tenu à l'absence si singulière de toute force naturelle contraire. D'Homère à Hugo, de Virgile à Baudelaire, tous les poètes qui ont représenté des scènes de naufrage ont mis l'accent sur le déchaînement des éléments. Imaginant la vie des premiers hommes, Lucrèce déclarait dans le *De natura rerum* :

> « …il n'y avait pas des milliers d'hommes pour périr sous les drapeaux en un jour de bataille, la mer démontée ne broyait pas sur les rochers des navires avec leur équipage. C'était pour rien, vainement et en pure perte, que les flots soulevés déchaînaient leur colère, et sans plus de raison qu'ils laissaient tomber leur menace inutile. Et la mer apaisée avait beau multiplier ses sourires, les hommes ne se laissaient pas prendre au piège. »

Il est entendu que la colère et la duplicité des mers sont causes de ces immenses saignées d'hommes et de ces déplorables pertes de bâtiments. La péroraison hugolienne saura faire son miel du grondement infernal des flots, des tourbillons de l'écume, des éclairs cuivrés et fracassants qui rayent les ciels brouillés. Tout cela satisfait au goût des âmes fortes et tendres. Le romantique affectionne les drames « *full of sound and fury* ». Dans un très beau récit qui a pour titre *Bains de mer,* l'éternel nageur qu'était Paul Morand écrivait au sujet du solitaire de Guernesey :

> « … son océan bave comme un serpent, crie, râle ; celui des *Travailleurs de la mer* monte des profondeurs mystérieuses de Thulé et des poèmes ossianiques. *Han d'Islande* s'enfuit à travers les lames démontées, sur un tronc d'arbre, vêtu de veau marin et buvant de l'eau salée dans un crâne. Féconde et destructrice, la mer des *Contemplations* est le fléau de Dieu ; Hugo a longuement admiré ses cyclones, ses bonaces, ses rugissements, ses traîtrises, et aucune tempête en aucune littérature ne surpasse en beauté et en horreur *L'Homme qui rit.* »

Mais le naufrage du *Titanic* trouve difficilement sa place dans les catégories romantiques. L'affreux bain de pieds que prendront ses victimes s'accommode fort mal de ces visions fantastiques. L'ensemble du drame est à la fois beaucoup plus prosaïque et bien plus terrible. Hannah Arendt a jadis parlé de la « banalité du mal » à l'occasion du procès d'Eichmann à Jérusalem. On s'attendait à voir apparaître un bourreau patibulaire aux mains tachées de sang, on découvre un fonctionnaire froid et méthodique, falot, consciencieux jusqu'à la caricature. Pareillement, on voudrait camper pour le *Titanic* un décor fabuleux avec des éléments déchaînés, une immense fureur liquide, des vents lâchés, des hommes hagards. Or c'est dans le plus grand calme de l'océan que tout bascule. Lente et méthodique descente aux enfers. Ni brume ni brise, une nuit étoilée comme on en voit rarement dans le ciel d'avril, un calme absolu qui n'est pas celui qui précède la tempête – puisque de tempête il n'y aura point : tel est le décor stupéfiant de cette catastrophe inimaginable. Tout le contraire de *La Tempête* de Shakespeare, qui s'ouvre précisément sur une spectaculaire scène de cataclysme aquatique.

Et puis il y a l'iceberg, le bloc glacé de la fatalité, que Thomas Hardy illustrera dans son magnifique poème *The Convergence of the Twain*. Contrairement à ce qu'on croit souvent, très peu de naufrages ont été dus au heurt d'un iceberg ou d'un *pack*. Outre les avaries propres – incendie à bord, sabotage –, outre les naufrages par fait de guerre, les accidents maritimes les plus fréquents étaient provoqués par la rencontre avec des épaves errantes ou avec un autre navire. Ce qui renforce le caractère exceptionnel du drame du *Titanic*, c'est que, revenu soudainement à une espèce de profil bas, l'équipage ait cherché à *éviter* la collision, en contournant l'iceberg par bâbord. On sait que c'est au dernier moment seulement que le navire pivota sur sa gauche pour éviter l'énorme masse de blocs, et qu'il la « frôla » plus qu'il ne la heurta. Mais la caresse n'en sera pas moins mortelle.

On se demande alors pourquoi le *Titanic* a tenté de fuir la rencontre avec la glace, de se soustraire à un obstacle qui, quoi qu'on pense, n'apparaissait nullement « insurmontable ». Du reste, au cours des enquêtes qui furent instruites aux États-Unis juste après l'événement, certains spécialistes et même quelques survivants, au nombre desquels Bruce Ismay lui-même, ne manquèrent pas de déplorer l'initiative de l'officier de quart en jugeant, non sans fondement, que le heurt frontal avec l'iceberg eût sans doute permis de sauver le bateau. Considération paradoxalement réconfortante dans la mesure où elle fait apparaître le rôle de la décision individuelle et donc de la liberté de l'homme, apparemment retenu pieds et poings liés dans sa forteresse flottante mais qui, par un effort de volonté, peut soit se sauver, soit se faire l'instrument de son propre anéantissement. Si le *Titanic* avait heurté *directement* l'iceberg, le choc aurait été d'une extrême violence, la coque se serait trouvée partiellement enfoncée, deux ou trois compartiments auraient été crevés et envahis par l'eau, mais le prétendu insubmersible serait probablement demeuré insubmersible.

Qu'un bateau proclamé « pratiquement insubmersible » ait disparu au cours de sa mise en service, une telle assertion porte un nom : c'est une publicité mensongère. Mais il ne s'agissait pas d'une tromperie délibérée de la part de la compagnie. Le mensonge

fut en l'espèce de l'homme à l'homme : il consista à imaginer
et à faire accroire qu'on peut fendre les océans sans courir le
moindre danger. Cela fut la plus étonnante des illusions, dont on
ne peut expliquer la force que par l'extraordinaire faveur des idées
scientistes en cette époque qui entretenait une espèce d'idolâtrie
aussi fervente que fâcheuse pour les produits de la science et pour
ses mirifiques promesses. Depuis lors, nous avons été détrompés
sur ce faux dieu, mais il a fallu en passer par une vallée de larmes :
ce fut au prix de sinistres expériences, dont le naufrage du *Titanic*
inaugure précisément le long cortège.

Tous ceux qui ont agité la question s'accordent à penser que la
catastrophe du *Titanic* a opposé un cruel démenti à la parole fameuse
de Descartes selon laquelle l'homme a vocation à devenir « comme
maître et possesseur de la nature ». Pour certains, elle constitua
une nécessaire mise en garde de la Providence à l'heure où les
hommes auraient pu croire venu le moment que s'accomplisse la
prophétie biblique : *Eritis sicut dei*, « tels des dieux vous serez ». Il
est certain que tout en donnant un bel essor au rêve des générations
postérieures, le désastre mit un terme à des poussées d'enthousiasme
presque païen et invita à adopter un profil un peu plus humble.

La contemplation effarée de ces destins brisés – individuels
ou collectifs – ne donnait-elle pas matière à méditer sur la valeur
édifiante d'un tel avertissement ? On sait quelle litanie composent,
dans les cimetières de notre humanité, ces disparitions inopinées, ces
joyaux de l'art ou de la technique brutalement enlevés à l'admiration
des hommes ou ces jeunes pousses humaines fauchées dans le
moment des plus grandes espérances et des plus fraîches beautés.
Hier encore, la triste fin de la princesse de Galles nous a offert
l'un des plus pathétiques exemples d'une telle « chute », au sens
presque théâtral du terme. La presse *people* ne s'y est d'ailleurs
pas trompée, qui s'ingénia avec la plus visible sagacité à amplifier
l'événement pour son plus grand profit. Étonnant balbutiement de
l'Histoire quand, à trois siècles d'ici, un prédicateur de génie avait

déjà fait son miel du trépas d'une princesse d'Angleterre : nous voulons parler de Bossuet et de l'illustre oraison funèbre qu'il prononça à l'occasion de la mort d'Henriette d'Angleterre, dont nous devons dire un mot.

Qui eût cru que cette altière princesse pût ainsi « finir » – comme l'on disait alors avec pittoresque ? Qui eût imaginé l'engloutissement du roi de l'Atlantique ? Tremblez, Mortels, car Dieu écrase les puissances terrestres qui nous en imposent tellement ; son bras armé d'un vil iceberg ruine les édifices les plus grandioses. De l'oraison d'Henriette d'Angleterre, chacun connaît au moins les mots suivants : « Madame se meurt, Madame est morte », où Bossuet, dans un trait de génie, dépeint la soudaineté terrifiante de la disparition de cette sœur de Charles II d'Angleterre. Cette trame lamentable fut efficacement tournée au bénéfice des préoccupations apologétiques du prédicateur. Il n'empêche, l'examen respectif des deux catastrophes laisse apparaître une troublante proximité spirituelle. Le doigt de Dieu sévit. Du moins peut-on le croire et chercher à en persuader les autres. La grandeur s'éteignit, la pompe et l'éclat qui distinguaient la grande dame et le monstre des mers s'altérèrent dans l'instant. Ainsi tonne Bossuet :

> « Ô vanité ! ô néant ! ô mortels ignorants de leurs destinées ! […] *Vanité des vanités, et tout est vanité.* C'est la seule parole qui me reste ; c'est la seule réflexion que me permet, dans un accident si étrange, une si juste et si sensible douleur… »

L'Aigle de Meaux s'entendit à la perfection à déplorer dans ce concentré du malheur toutes les calamités du genre humain et le peu de consistance de ses grandeurs. Jamais, jugea Bossuet, les vanités de la terre n'ont été si clairement découvertes, ni si hautement confondues. Jamais le néant de la puissance humaine n'apparut aussi vivement.

Si l'on instituait des pompes funèbres en mémoire des navires – qu'après tout l'on est bien accoutumé à baptiser –, sans doute les paroles du prédicateur pourraient-elles opportunément accompagner le *Titanic* dans son séjour éternel. La loque dérisoire qui se vautre sur sa couche d'alluvions n'était-elle pas, elle aussi, l'orgueil de l'humanité industrieuse ? Triste spectacle qu'offrent les caméras qui ont visité l'épave. On ne peut se défendre d'une forte mélancolie, on se perd dans une rêverie vague, on se sent langoureux et presque endolori.

Ne serait-ce pas là le blason de notre condition de mortels, qu'un souffle perturbe, qu'une poussière dérègle, qu'un rien anéantit ? Ici se rencontre une émotion assez comparable à celle dont on est habité lorsque l'on visite des ruines antiques – pèlerinages favoris des romantiques, ces mélancoliques-nés qui aimaient à soupirer, du haut des marches d'un amphithéâtre défait ou d'un temple en ruine, sur le sort de l'humaine nature. Chateaubriand passa maître dans l'art de rendre cette émotion stimulante et paradoxalement consolatrice. Arrivé devant les restes de Sparte, comme il le rapporte dans l'*Itinéraire de Paris à Jérusalem,* le grand écrivain se pénètre du solennel mutisme des lieux : immobilité pierreuse, silence de mort. Alors René peut s'exclamer :

> « Quel beau spectacle ! mais qu'il était triste ! L'Eurotas coulant solitaire sous les débris du pont Babyx ; des ruines de toutes parts, et pas un homme parmi ces ruines ! Je restai immobile, dans une espèce de stupeur, à contempler cette scène. Un mélange d'admiration et de douleur arrêtait mes pas et ma pensée ; le silence était profond autour de moi : je voulus du moins faire parler l'écho dans des lieux où la voix humaine ne se faisait plus entendre, et je criai de toute ma force : Léonidas ! Aucune ruine ne répéta ce grand nom, et Sparte même sembla l'avoir oublié. Des ruines où s'attachent des souvenirs illustres font bien voir la vanité de tout ici-bas. »

Passons outre aux artifices rhétoriques et à ce pesant désir de pathétique et de théâtralité dont se ressentent tant de textes de ce grand poseur. Tous ceux qui ont eu la chance de voir le *Titanic* à l'occasion des plongées qui ont été effectuées ont ressenti des émotions proprement « chateaubrianesques ». Et ce d'autant plus que le monde sous-marin, avec son irréfragable chape de silence, accentue notablement le caractère glacialement majestueux des trophées qu'il renferme. Toute ruine émet une singulière magie. Il est déprimant de voir que tant de splendeur et de vitalité ont dû périr. Tout est donc voué à la disparition. Après Chateaubriand, Hegel décrira à son tour la douloureuse beauté que dégagent ces ruines, notant dans *La Raison dans l'Histoire* que

> « tous les voyageurs ont éprouvé cette mélancolie. Qui a vu les ruines de Carthage, de Palmyre, Persépolis, Rome sans réfléchir sur la caducité des empires et des hommes, sans porter le deuil de cette vie passée puissante et riche ? »

Certes, une telle souffrance n'a évidemment rien à voir avec l'affliction qu'on éprouve devant la disparition d'un proche, d'un être personnellement chéri. Il s'agit d'une émotion d'un autre genre, car d'une nature en quelque sorte *désintéressée*. Aussi Hegel précise-t-il que c'est la vivante fresque de la ruine de la civilisation qui inspire cette émotion extrêmement poignante. Et c'est bien de cette impression que l'on est parcouru en regardant les images de l'épave du *Titanic*. Une certaine civilisation a péri avec le bateau, un certain brillant mondain s'est enseveli avec lui dans le néant. Théâtre d'ombres et de souvenirs spectraux qui donnent l'illusion des temps les plus reculés : cet amas de tôles qui repose au fond des mers donne un goût d'éternité. L'impossibilité où l'on est de renflouer le *Titanic* renforce encore la pression du temps qui s'abat sur lui. Car à 4 000 mètres de fond, il ne se passe rien. Dans ce décor lugubre, il n'arrive jamais rien qu'un repos sans fin, certes ponctué par une lente décomposition qui verra le bateau s'enfoncer dans les alluvions et disparaître un jour à tout jamais. C'est le repos des momies d'Égypte, c'est le silence des sanctuaires.

Et puis, le site est proprement inviolable – sauf à recourir aux moyens les plus sophistiqués de la technique moderne. La carcasse du *Titanic* est en quelque sorte *sanctuarisée*. Il faut d'ailleurs préciser qu'aucune pénétration à l'intérieur de l'épave n'a été réalisée – en témoignage de respect à la mémoire des victimes dont le *Titanic* est devenu le caveau au moins symbolique (car il est peu probable que des restes humains soient encore contenus dans l'épave). Rien n'est d'ailleurs plus émouvant que le spectacle d'une telle ruine *aquatique* transmigrée dans un milieu auquel la machine n'était évidemment pas destinée. Les ruines terrestres, pour leur part, jonchent le même sol qui leur servait d'appui du temps où elles soutenaient un temple, un stade, une chapelle ; et elles se pavanent au beau soleil de midi. Au lieu que l'épave subaquatique, invisible absolument à moins qu'on ne l'éclaire de torches puissantes, est en terrain hostile, déracinée, expatriée, coupée de ses attaches, tout entière à la dérive malgré sa parfaite immobilité cinétique. C'est pourquoi le spectacle sépulcral du *Titanic* procure un sentiment qui ressemble par certains côtés à ce qu'on nomme si joliment *le mal du pays*. C'est le lieu du plus grand exil qui se puisse concevoir, quand l'homme est arraché à lui-même et à ses certitudes.

> « Nous devrions être assez convaincus de notre néant ; mais s'il faut des coups de surprise à nos cœurs enchantés de l'amour du monde, celui-ci est assez grand et assez terrible. Ô nuit désastreuse ! ô nuit effroyable, où retentit tout à coup, comme un éclat de tonnerre, cette étonnante nouvelle […]. Qui de nous ne se sentit frappé à ce coup, comme si quelque tragique accident avait désolé sa famille ? »

Ainsi parlait Jacques-Bénigne Bossuet.

Chapitre II

UN AQUARIUM SOCIAL

Ce doit être une sorte de bénédiction épistémologique pour le sociologue que l'administration du transport maritime du début du xxᵉ siècle. L'idée était significative d'instituer trois classes, la première évidemment et ostensiblement distincte des deux autres, la troisième naturellement crasseuse et oppressante avec un parfum social comme inspiré de Dickens ou de Zola, la seconde jouant un rôle intermédiaire de « tampon dialectique » et assurant de ce fait le meilleur dosage entre l'hypertrophie des fortunes de la première classe et la misère de la troisième.

La fascination pour les paquebots tient en partie à cette piquante conjonction des classes. Bien plus sans doute qu'au luxe propre des cabines et des suites de la classe supérieure, c'est à la réunion dans un espace resserré du plus grand et du plus petit, du plus riche et du plus pauvre, du plus illustre et du plus anonyme, que les grands navires commerciaux doivent leur popularité.

Le luxe qui régnait à bord de ces palaces flottants a été souvent décrit. Il semble que dans les années 1900-1910, les compagnies allemandes, la Hansa ou la Norddeutscher, aient emporté la « palme d'Or » à la faveur du luxe indicible qui caractérisait les appartements de choix de leurs appareils. Clinquant d'ailleurs peu goûté par les vieilles familles du Royaume-Uni, qui préféraient à ces invraisemblables démonstrations de prodigalité tapageuse la mesure et l'équilibre des intérieurs des navires de la White Star ou de la Cunard. Appartements imités de Versailles, des hôtels parisiens ou londoniens, du style hollandais, rivalisent de classicisme, mais aussi, dans une certaine mesure, de discrétion. « Modestie » redoublée en France, où le directeur de la Compagnie Générale Transatlantique, privilégiant les décors coquets et le confort du voyage, se refuse, dit-il, à « verser dans l'excès de décoration et de ce que l'on est convenu d'appeler le luxe, d'autant plus que ce ne sont pas les Gobelins qui attireront les Américains à notre bord ; c'est le confort, un service soigné et une bonne table complétée par une bonne cave ».

Aussi se gardera-t-on des idées reçues lorsqu'on cherche à apprécier la réalité du luxe à bord de ces palaces à fleur d'écume. Philippe Masson rappelle dans son ouvrage sur *Le Drame du Titanic,* que si le *Titanic,* considéré d'avis unanime comme la merveille des merveilles aussi bien sous le rapport esthétique qu'au point de vue technique, réunit toutes les innovations technologiques (notamment en ce qui concerne les installations téléphoniques), nombre de cabines de première classe ne comportent qu'un lavabo, les salles de bains et les toilettes étant collectives – un peu comme dans les chambres de bonnes parisiennes ! Peut-être cette curiosité s'explique-t-elle par les canons de l'hygiène du temps. Si le luxe de bon goût qui se signale en tous lieux des premières classes fait encore date dans la mémoire de l'humanité, cependant le *Titanic* ne possède aucune salle de bal. L'accent a été mis sur les salles à manger, de dimensions étonnantes (la plus grande peut accueillir plus de cinq cents personnes), sur les pièces « conviviales », telles que boudoirs et fumoirs, ou encore sur les installations sportives. La salle de gymnastique est placée sous la responsabilité d'un moniteur qui y supervise les exercices d'aviron ou d'équitation. Des chevaux mécaniques y ont été installés qui, actionnés par des moteurs électriques, offrent aux cavaliers les plaisirs du trot et du galop. Nul doute que des appareils de musculation et des tapis de jogging mécaniques eussent trouvé leur place si la mode avait été au bodybuilding et au footing. La musique est à l'honneur – et elle le restera jusqu'à la fin, puisque les interprétations de l'orchestre placé sous la baguette de Wallace Hartley vont scander les opérations de mise à l'eau des chaloupes.

Bref, tout est finement étudié pour l'agrément du client fortuné. Mais qu'on n'aille pas penser que les autres classes soient lésées. Les cabines de seconde sont desservies par un bel escalier. Une spacieuse et confortable salle de restaurant offre une table copieuse et raffinée. Le style Louis XVI ou le goût jacobite sont harmonieusement distribués. L'accueil y est des plus satisfaisants.

Les troisièmes bénéficient elles-mêmes d'un « cadre » somme toute agréable, du moins si l'on veut bien le rapporter aux conditions misérables qui étaient faites aux émigrants de la seconde moitié du xixᵉ siècle. Non seulement les immenses dortoirs où s'entassaient plusieurs dizaines de personnes ont disparu au profit de petites pièces plus fonctionnelles, d'une capacité de huit à dix couchettes, mais un personnel attitré est affecté aux repas pris dans une vaste salle à manger. Un fumoir, une grande salle de réunion, un pont promenade ont même été accordés à ces voyageurs infortunés.

C'est dire qu'il faut se méfier *a priori* de toute représentation caricaturalement « marxiste » de l'agencement des lieux. L'espace dévolu aux premières classes n'est finalement point d'un luxe aussi ostensible qu'on serait tenté de le croire, le « département des pauvres » n'est nullement aussi ingrat qu'on l'imaginerait volontiers. Est-ce à dire qu'une sorte d'égalisation des conditions voit le jour ? Ce n'est naturellement pas le cas.

Les inégalités de fortune, qu'on sait être à l'époque proprement abyssales, se reflètent éloquemment dans la tarification des cabines. Les plus élégantes et les plus spacieuses des suites, qui sont d'ailleurs fournies avec un personnel affecté à part entière au service de ses heureux occupants, en coûtent à ces milliardaires jusqu'à 25 000 dollars, une somme alors égale au salaire annuel d'un conseiller d'État et cent fois supérieure au prix du ticket économique ! À titre de comparaison, un opérateur radio employé par une compagnie maritime gagnait alors entre 20 et 30 dollars mensuels…

Ces quelques données suffisent pour donner un sentiment vivant de l'étonnante formule sociale qui se fait jour à bord du *Titanic*. Jamais les contrastes sociaux ne sont apparus de manière aussi tranchée que sur ces grands engins des mers qui renfermaient entre leurs tôles toute la gamme possible des conditions. Le *Titanic*, c'est l'arche de Noé de la société qui réunit en les séparant par étages et compartiments toutes les « espèces sociales », c'est aussi Babel lancée sur les flots, une bigarrure linguistique et culturelle poussée jusqu'à la caricature.

Nulle part sur terre on ne saurait découvrir, ainsi résumé, un tel cloisonnement des états. Sur une étendue de quelque deux cent cinquante mètres, entre la ligne de flottaison et le pont supérieur s'étagent, puissamment contrastés, les destins collectifs. Les villes offrent sans doute le spectacle d'une telle séparation sociale à la faveur de leur distribution entre beaux quartiers, zones intermédiaires et espaces dévolus aux plus pauvres. Mais ici s'opère une étonnante alchimie topographique : dans une seule et même unité géographique se donne à voir un véritable précipité social, ou même un concentré de civilisation, dans une sorte de palette plastique incomparable. Étonnant microcosme océanique qui institue une parfaite représentation sociale et culturelle de l'humanité dans une superficie extrêmement réduite. Le *Titanic*, c'est donc au premier chef le musée vivant du genre humain. L'épreuve du naufrage sera l'occasion d'une parfaite déclinaison des réactions possibles devant la peur et le malheur. Tous les tempéraments, toutes les réponses imaginables devant le tragique de l'existence se découvriront. Laboratoire admirable pour le sociologue, pour le moraliste, pour le dramaturge !

Mais il s'instaure d'abord une singulière rationalité spatio-économique à bord du navire. À la classe sociale répond une parfaite administration des « terrains ». Les trois classes évoquent peut-être la classique division tripartite de la société d'Ancien Régime, voire de manière plus lointaine la « trifonctionnalité » des sociétés antiques chère à Georges Dumézil. Nulle perméabilité entre les trois niveaux. Chacun est, au sens le plus exact du terme, *à sa place*. Compartimentés, nivelés, étagés, les individus sont comme intégrés dans un secteur ou dans une case qui expriment le hasard de la naissance ou le bénéfice de la réussite professionnelle. Aussi assiste-t-on à une exemplaire reproduction du système des castes.

La hiérarchie des conditions est symbolisée par la verticalité des vocations au sein du navire. Au faîte du bateau prennent place ceux qui sont au sommet de la société, ceux qui gravitent au *top* des situations mondaines. À mesure que l'on descend, les inégalités se creusent. Les classes moyennes occupent dans le navire une situation intermédiaire. Tout en bas, au niveau du pont inférieur, trime la rude société des chauffeurs et des mécaniciens, qui payeront un très lourd tribut au cours du drame. Il n'est plus question ici de ces beaux « travailleurs de la mer » que chantait Victor Hugo, de ces pêcheurs libres et indépendants qui méritaient assurément d'être immortalisés par la lyre du poète.

Dans ses *Réflexions sur les causes de la liberté et de l'oppression sociale*, Simone Weil écrit :

« Un pêcheur qui lutte contre les flots et le vent sur son petit bateau, bien qu'il souffre du froid, de la fatigue, du manque de loisirs et même de sommeil, du danger, d'un niveau de vie primitif, a un sort plus enviable que l'ouvrier qui travaille à la chaîne, pourtant mieux partagé sur presque tous ces points. C'est que son travail ressemble beaucoup plus au travail d'un homme libre, quoique la routine et l'improvisation aveugle y aient une part parfois assez large. »

Ici, rien de tel. Rien de plus éloigné du labeur, sans doute épuisant mais gratifiant et accompli à l'air libre, du monde de la pêche ou de la société paysanne. Ni les embruns ni les caresses du soleil estival ne viennent ponctuer le travail de ces reclus. La fierté des paysans qui extraient de la glèbe les fruits mêmes qui les nourrissent, le juste orgueil de l'artisan indépendant qui forge, en même temps que les produits de son atelier, les instruments qui servent à les fabriquer, font ici complètement défaut. C'est l'empire de ce que l'on appelle l'hétéronomie du processus productif, où l'ouvrier se plie à des tâches machinales, sans autre récompense qu'une maigre pitance. Si seulement le chauffeur pouvait contempler le mouvement du bateau à mesure que celui-ci fend la vague, alors les pelletées de charbon qu'il enfourne dans la gueule des foyers auraient pour lui une signification spirituelle. Mais non, il s'agit bien d'un travail aveugle, circonscrit à quelques gestes frustes. Tout l'opposé d'une classe ouvrière structurée, qualifiée, en voie d'émancipation, ou de la société paysanne que la tradition célèbre et que les voix les plus illustres de l'art et de la poésie, de Virgile à Jean-François Millet ou à Giono, ont su dépeindre, non sans emphase ni naïvetés parfois.

Les travailleurs du pont inférieur sont des forçats des mers, citoyens de l'enfer industriel transposé sur les océans, voués à une éreintante besogne dans cet univers de hauts fourneaux acclimatés aux courants transatlantiques. La salle des machines offre un spectacle digne des forges de Vulcain. Le travail y est d'une extraordinaire rigueur, les températures atteignant parfois plus de soixante degrés, avec des « coups de chaleur » comparables par leurs suites souvent mortelles au « coup de grisou » si redouté des mineurs. Le chauffeur ne bénéficie d'aucune protection statutaire. La main-d'œuvre est volatile, saisonnière, rétribuée parfois pour une seule et unique traversée. Il s'agit quotidiennement d'enfourner à une cadence toujours plus soutenue plusieurs tonnes de charbon dans les immenses foyers. Peuple des ombres, damnés de la mer comme il existait des « damnés de la terre » – ces Africains déshérités dont Frantz Fanon fit naguère l'apologie. « Des histoires sinistres courent sur certaines scènes qui se seraient déroulées dans les fonds. Les conflits entre chauffeurs et officiers mariniers ou mécaniciens sont réglés de manière expéditive. Un coup de pelle derrière la nuque et le malheureux disparaît dans un foyer chauffé à blanc », écrit Philippe Masson. Bref, ce petit monde déshumanisé offre un étonnant pendant maritime aux mystères de Paris qui firent jadis la fortune d'Eugène Sue.

Évitons toutefois de forcer le trait. Walter Lord s'appuya pour rédiger son ouvrage sur le témoignage précieux de nombreux survivants ; et le chauffeur George Kemish, qu'il avait longuement interrogé, évoqua l'esprit de franche camaraderie qui régnait aux chaudières. Il ne se fit d'ailleurs pas faute de préciser que les conditions de travail à bord du *Titanic* s'étaient notablement améliorées par rapport à ce qu'il avait connu sur d'autres paquebots où, affirma-t-il, « on se crevait au boulot et on rôtissait vif » ! Il se souvint qu'au moment où couvait le drame, ils se la « coulaient douce », assis sur des seaux, sous les ventilateurs, en attendant que le quart de minuit vînt prendre la relève.

Ils n'en formaient pas moins un tableau éloquent des catégories les plus exposées de la condition ouvrière étendue à l'empire océanique. Les chauffeurs sont dans les fers. Confinés dans un environnement hostile, dans cet univers carcéral où nombre d'entre eux trouveront la mort engloutis par les flots, faute d'avoir pu regagner les étages supérieurs (après qu'intervint la fermeture automatique des portes étanches), le lieu de travail leur est une double prison. L'idéal de liberté a comme déserté ce séjour maudit, alors que le marin est le symbole même de l'homme libre confronté aux éléments naturels : dans les remous de pleine mer, il hisse les voiles, manie le gouvernail, change de bord, maîtrise les obstacles par sa force et son expérience. Bref, son salut est associé à son esprit d'initiative et à son endurance. Ici, tout au contraire, pèse sur ce *Lumpenproletariat* des eaux une implacable fatalité. Pour ces exécutants qui assisteront presque impuissants à leur propre anéantissement, le travail ne saurait rendre libre. Il n'est plus une pensée. C'est un schéma routinier qu'on accomplit dans le plus grand vacarme, c'est une suite de mouvements sans âme inlassablement répétés. La salle des machines est une reproduction saisissante du sort industriel imparti à certaines catégories ouvrières du début du XXe siècle. Cette société mécanisée, impitoyable pour ses propres membres, s'épuise au labeur quelques mètres seulement sous les pieds des « nantis » et de certains représentants éminents de l'aristocratie capitaliste qui ne se forment sans doute pas la moindre idée de la réalité de ce travail. On peut juger que Marx eût affectionné le spectacle social du *Titanic,* ce tableau vivant des inégalités entre les hommes, ce théâtre extraordinaire sur lequel se jouait l'éternelle trame de la lutte des classes… Aux étages supérieurs se prélassent touristes, hommes d'affaires et même simples émigrants misérables. Mais ici, dans cet enfer de suie, de flammes et de pistons, nulle trêve ; au contraire – selon la rumeur – une justice expéditive : à coups de pelle l'on peut être précipité dans les brasiers. En haut règnent luxe, calme et volupté. Ici-bas, dans les tréfonds du navire, se noue une scène fantastique qui n'a apparemment rien à envier aux décors de Jérôme Bosch.

On dut pourtant aux circonstances de rétablir entre tous les occupants du navire une certaine forme d'égalité et d'effacer provisoirement les différences de classe, les écarts de fortune et les distinctions de toutes sortes. Par cette seule raison qu'ils doivent tous mourir, les hommes partagent un même destin. Et ce sera l'une des leçons du naufrage de faire valoir presque théâtralement l'idée qu'en cet ultime moment de vérité tombent toutes les barrières érigées par la société et que tous, nababs comme indigents, se découvrent également nus et impuissants.

Ainsi l'observation de ce dramatique épisode peut inspirer un sourd sentiment de revanche sociale. Les milliardaires, dit-on, « n'emporteront pas leurs richesses au paradis ». L'histoire du *Titanic* illustre à merveille une telle maxime. À quoi bon ces coulées d'or et de dollars, à quoi bon ces coffres-forts jalousement fermés, ces vaisselles précieuses, ces décors débordant de luxe, devant l'épreuve du naufrage ? Les compteurs alors sont comme remis à zéro et la parole de l'Ecclésiaste reprend tout son sens : *Vanité des vanités, tout est vanité.* La puissance incomparable que confère la richesse dans l'ordre des jours courants est alors complètement balayée. La richesse engloutie, la richesse inutile devant l'épreuve adresse une forte leçon : la mort n'opère aucune discrimination apparente selon qu'on est couvert d'or ou que l'on traîne une vie indigente. Et mourir n'est pas une petite affaire ; ce n'est pas en vain que Montaigne disait de la mort qu'elle est « notre plus grande besogne ». Rétablissement de l'égalité foncière des conditions, donc, par un brutal nivellement des fortunes. L'or qui permet d'acheter les hommes, de conquérir les dames et de se hisser au premier rang dans le monde, l'or pour lequel les humains brûlent d'une passion innée et dévorante n'est plus d'aucune efficacité devant l'iceberg « incorruptible »…

Aussi la richesse matérielle fut-elle, dans cette édifiante aventure, soudainement remise à sa vraie place, très secondaire devant le malheur commun. Ce qui ne doit pas occulter cependant la persistance d'une troublante inégalité statistique devant la mort. Plus de 60 % des passagers de première échapperont à la mort, contre respectivement un peu plus de 40 % et 25 % pour ceux de seconde et de troisième. Phénomène troublant à première vue, tant cette différence de traitement semble prouver que si l'on ne prête qu'aux riches, c'est de même aux riches que la mer paraît la plus clémente. Dès l'enregistrement des statistiques du drame, les interrogations se multiplièrent. Était-ce là le signe, présenté dans toute sa sèche éloquence démographique, que des discriminations avaient été opérées au moment de l'embarquement sur les canaux ? Aux femmes et aux enfants auraient succédé les passagers mâles du rang le plus élevé, à charge pour les autres de s'accommoder des miettes, c'est-à-dire des places résiduelles. La question fut immédiatement soulevée devant le Tribunal des naufrages britannique, lequel avait compétence pour juger des procédures ayant réglé l'évacuation.

Comme l'a bien montré Philippe Masson, l'imputation de ségrégation sociale ne repose sur aucun fondement recevable. Il fut établi par ce tribunal qu'un tel « déséquilibre » était dû pour l'essentiel à l'économie générale du navire. En effet, le très lourd tribut payé par les occupants des troisièmes classes, sorte de Tiers-État des mers, s'explique simplement par le fait qu'étant logés dans les parties inférieures du navire, il leur fallut franchir un chemin long et tortueux d'escaliers et de coursives pour gagner le pont des embarcations. De plus, l'absolue ignorance de la langue anglaise dont témoignaient la plupart des passagers originaires de l'Est européen ou du Levant leur fut fatale. Comment comprendre les ordres et se diriger convenablement quand on ne s'entend pas ? Enfin, la méconnaissance du milieu marin joua un rôle funeste. On sait – donnée significative – que la plupart des Irlandais, rompus aux exercices maritimes, se sauvèrent, quand presque tous les Slaves furent engloutis.

Si les occupants des premières classes ont bénéficié d'un « sort démographique » finalement plus clément que ceux des autres catégories, l'épreuve du drame fut toutefois affrontée de manière parfaitement égalitaire. La glace va mettre un terme provisoire aux rangs et aux distinctions, elle va venir brouiller la nomenclature sociale. Car on n'a pas imaginé d'introduire des classes dans les canots de sauvetage… Jusqu'au moment où l'on intime l'ordre aux passagers d'enfiler leur veste de sauvetage, les égards dus aux privilégiés sont assez scrupuleusement respectés : on houspille les « défavorisés », on violente les récalcitrants, on ménage les occupants du pont supérieur. Mais vient l'heure de vérité dans la cohue indistincte. Il n'y a point de canots à une, deux ou trois étoiles, ni mille façons plus ou moins élégantes ou plus ou moins expéditives de mettre les chaloupes à la mer.

Et puis, comme il ne fut naturellement pas question d'emporter le moindre bagage à bord des canots de survie, les rescapés se retrouvèrent provisoirement tous aussi démunis, aussi nuls par la richesse. Seules les différences vestimentaires permettaient encore de distinguer entre les anciens et les tout nouveaux pauvres ; à quoi l'on ajoutera que certains parmi les nantis étaient parvenus à sauver, glissé dans la poche de leur habit, un diamant ou un lingot. Parement dérisoire.

Dès lors, les chaloupes deviennent le théâtre d'étonnantes scènes de « rapprochement social ». Madame Astor, mariée à l'un des hommes les plus riches du monde, qui vient au demeurant de disparaître dans la catastrophe, a pris place aux côtés d'une passagère de troisième classe. Sombre-t-elle dans la douleur ? Non point, son premier mouvement est pour prêter son châle à sa voisine afin qu'elle puisse réchauffer sa petite fille, transie de froid. La scène est digne de l'hagiographie de saint Martin ou de saint Julien l'Hospitalier.

À bord d'un autre canot, spectacle plus insolite encore. Sir Cosmo Duff Gordon, de haute naissance anglaise et représentant éminent de la *jet-set* des affaires, tend un cigare qu'il a réussi à sauver du désastre à son partenaire d'infortune, un obscur chauffeur. Le tableau est d'autant plus étrange qu'en cette époque de galanterie sourcilleuse, il est de la plus haute inconvenance de fumer dans la compagnie des dames. Mais, à circonstances exceptionnelles, complaisance exceptionnelle, et les voisines ne trouveront rien à redire à ce geste. Tout à côté des fumeurs, lady Gordon, dont l'estomac n'a pourtant pas résisté à l'épreuve, s'ingénie à remonter le moral de sa propre femme de chambre dont les nerfs ont craqué.

La comtesse de Rothes a embarqué, aidée de sa bonne, avec une autre grande dame elle-même flanquée de sa domestique. Les deux maîtresses n'hésitent pas un instant à s'emparer des avirons pour seconder leurs serviteurs. Walter Lord raconte : « Mme William R. Bucknell remarqua qu'elle ramait à côté de la comtesse de Rothes, tandis qu'un peu plus en arrière, sa bonne ramait à côté de la bonne de la comtesse. » Étrange dialectique d'égalisation des conditions : car si les domestiques se sont placées à l'arrière de leurs maîtresses respectives, ces quatre entreprenantes personnes se livrent à une besogne absolument identique.

Vaillante rameuse, la brave comtesse se signala également en tenant le gouvernail de son embarcation pendant la plus grande partie de la nuit. Étant toujours restée habitée du plus grand calme et d'une réconfortante fermeté, elle fut plus tard le sujet d'un hommage vibrant du matelot Jones, qui avait le commandement théorique de l'esquif. Il est vrai que ce dernier avoua *mezzo voce* aux membres de l'enquête américaine que ce poste lui avait été attribué certes en raison des indéniables qualités dont elle avait témoigné devant le danger, mais aussi à cause de ses interminables et irritantes jacasseries. « Comme elle n'arrêtait pas de parler, je l'ai mise au gouvernail », osa-t-il leur confier avec une belle mais peu chevaleresque franchise. Le philosophe Kant avait relevé dans un de ses derniers ouvrages peu avare en réflexions sur le beau sexe, l'*Anthropologie du point de vue pragmatique,* que

> « la langue est l'arme de la femme ; et à cet effet la nature lui a fait don du bavardage et de cette volubilité passionnée qui désarme l'homme ».

Le bon sang mâtiné de sang-froid de la comtesse n'a pas démenti ce propos âpre mais lucide. Il reste que le matelot Jones sut se montrer galant homme : dès son arrivée à New York, il découpa le numéro du canot qui leur avait sauvé la vie et l'envoya, encadré, en signe d'admiration, à la digne comtesse. Touchée, celle-ci promit de lui écrire chaque année à Noël. L'auteur de ces lignes ignore si elle tint parole.

Quoi qu'il en soit, l'égalité devant le malheur aura été, comme il se doit, de courte durée. Il fallait distinguer entre ceux qui avaient tout perdu et ceux qui n'avaient perdu que les biens qu'ils avaient embarqués sur le *Titanic,* laissant parfois à terre d'immenses richesses. Après le repêchage des survivants par le *Carpathia,* les différences se rétablirent incontinent. Et à l'arrivée du navire à New York, l'accueil fut très divers selon le monde auquel on appartenait. Pour recevoir madame Astor, dont on ignore si elle avait récupéré son châle, deux automobiles, deux médecins, une infirmière et un secrétaire avaient été mobilisés. La femme de George Widener, magnat des tramways, put jouir des aises d'un train spécial. L'épouse de Charles H. Hays bénéficia du même traitement. Le comité d'accueil pour les plus modestes fut évidemment beaucoup moins démonstratif. Les plus riches et les plus célèbres des survivants furent assaillis par la presse dès leur entrée dans le port de New York. Les rescapés de la troisième classe n'attirèrent guère l'attention des journalistes et de l'opinion. Et nul ne sembla prêter attention au fait, qui eût pourtant pu donner à penser, que davantage d'enfants de la troisième classe avaient disparu que d'hommes de la première.

Reste qu'il s'opéra dans le paroxysme de l'événement une singulière transmutation des valeurs quelque peu comparable à l'idéal du *Jubilé* de l'Ancien Testament ou aux saturnales de la Rome antique ; ce qui ne nous interdit pas de juger, au bout du compte, que l'intrigue amoureuse entre un passager de troisième et une passagère de première qui fait le vrai sujet du film de Cameron reste une bien pâle approximation de cette soudaine – et sans lendemain – réconciliation des classes dont un stupide iceberg fut le très involontaire agent.

Chapitre III

OTIUM CUM DIGNITATE

La décoration intérieure du *Titanic* se signalait par le goût le plus classique qu'on puisse imaginer. C'est pour nous un sujet d'étonnement. Après tout, le plus moderne des bateaux aurait pu se choisir une garde-robe intérieure à la mesure de ses performances d'avant-garde et privilégier l'art le plus moderne, l'Art nouveau au premier chef. On imagine fort bien les cabines les plus luxueuses parcourues de lignes futuristes, éclairées par les lampes historiées d'Émile Gallé, tapissées de toiles signées des jeunes maîtres alors en vogue. Hector Guimard, l'un des plus grands maîtres de l'Art nouveau, aurait pu faire office de conseiller artistique en chef. L'esprit de ses créations, dévouées au culte du mouvement et de la vitesse, avec leurs volutes savantes, leurs fers tortueux ou leurs envolées de plomb et de pierre, aurait fort bien convenu dans ces lieux. Cela aurait constitué de surcroît une habile réplique à la physionomie extérieure du navire, caractérisée par une extrême pureté de lignes dues aux conceptions de l'architecte Alexander Carlisle, représentant éminent du style dit édouardien.

Mais non, c'est aux équilibres classiques et aux décors pastiches qu'on s'en était tenu. Le *Modern Style* ne trouvait pas ici sa place. D'après les descriptifs, le paquebot *France* s'est également illustré dans cette manie bizarre du luxe d'imitation, dont nous sommes aujourd'hui totalement revenus. Ses escaliers reproduisaient les degrés de certains hôtels particuliers. Dans le grand salon trônaient (on se demande pourquoi) les deux portraits de Louis XIV par Van der Meulen et par Rigaud. Les potentats des océans voulaient-ils marquer par ces rappels iconographiques ostentatoires leur volonté de se constituer en rivaux maritimes du roi des rois ?

À bord du *Titanic,* on s'est un peu mieux gardé des excès d'une décoration qui semblerait aujourd'hui relever sinon d'un goût franchement mauvais, du moins d'une curieuse entreprise de mise en scène parodique ou fantasque. Il s'observe une incontestable mesure que tous les témoins n'ont pas manqué de saluer avec enthousiasme. Mais le clinquant n'est pas pour autant en reste. Les grandes descentes sont inspirées des réalisations anglaises de la fin du XVIIe siècle et tous les styles classiques européens sont représentés. Cheminées travaillées à la manière baroque, boiseries dans le goût rococo, bronzes nombreux, sculptures allégoriques agrémentent ces espaces quand même un peu disparates. On relève même une tapisserie d'Aubusson, *La Chasse du duc de Guise,* dont on se demande là encore ce qu'elle vient fabriquer en ces lieux. L'accent, semble-t-il, n'est pas particulièrement mis sur les peintures marines ni *a fortiori* sur certains objets relevant de l'art et des techniques de la mer (globes terrestres anciens, sextants de collection, coques miniatures, etc.) dont nous sommes aujourd'hui si friands. Si l'on avait voulu faire oublier qu'on se trouvait à bord d'un paquebot, et même d'un paquebot tout neuf, on ne s'y serait sans doute pas pris autrement. Pénétrant à l'intérieur du bateau, on est confronté à un décor de musée éclairé par les vastes verrières qui dominent l'ensemble.

Le luxe qui s'observe à bord n'est certes pas propre au *Titanic*. Tous les paquebots qui lui sont contemporains se signalent par un semblable désir d'en imposer. Mais l'engloutissement subit de ce ruissellement de richesses semble avoir singulièrement démultiplié le luxe titanesque. Qui se souvient de la décoration intérieure de l'*Olympic* ou du *Gigantic* ? Cette impression porte un nom : l'illusion rétrospective. C'est au point que le moindre élément des services de porcelaine que les équipes franco-américaines ont pu repêcher depuis leurs premières investigations archéologiques à la fin des années 80 nous pétrifie d'admiration, au lieu que ces mêmes pièces de vaisselles renfermées dans les armoires de nos grands-mères n'attireraient même pas notre attention.

Dans l'immense mer de débris qui jonchent le site de la catastrophe, on a repéré, avant de les remonter à la surface, les objets les plus divers. L'éventail de ces reliques pourtant peu précieuses – du moins pour la plupart d'entre elles – est d'une étonnante variété. En sus des vaisselles, des services, des batteries de cuisine, on a noté de nombreux vêtements – curieusement intacts –, des bagages, des chaussures – sans pieds –, des baignoires – « vides » –, des flacons de parfum, des bouteilles de vin et de champagne et même une tête de poupée. À la surprise générale, on a pu constater que certains produits de beauté, onguents, crèmes, parfums, avaient conservé une impeccable fraîcheur – des pommades pouvant ainsi être appliquées sur la peau sans provoquer la moindre irritation cutanée. Les grands fonds possèdent d'aussi puissantes vertus de conservation que les glaciers ou les salles funéraires égyptiennes, grâce à l'absence de toute radiation solaire. Aussi est-on parcouru, au spectacle de ces stigmates du palace des mers englouti, de la même émotion indéfinissable dont on est invariablement pénétré en visitant le trésor de Toutankhamon au musée du Caire. Sous nos yeux apparaissent des bibelots, des jouets, divers instruments de la vie quotidienne dont nous séparent, ou bien plusieurs milliers d'années, ou bien une sorte d'écran rémanent d'eau et de plancton, écran que le « débarbouillage » complet des objets du *Titanic* repêchés n'est pas parvenu à effacer pour nos imaginations : objets restaurés dans leur pureté et dans leur éclat originels, mais qui nous semblent beaucoup plus anciens et beaucoup plus « esseulés » qu'ils ne le sont en réalité.

Que d'aussi fragiles produits de l'art et de la technique se soient conservés malgré la violence du naufrage et le travail destructeur du temps et des courants aquatiques relève partiellement du miracle. Certaines des parties les plus solides et les mieux cuirassées du bateau se sont disloquées. Mais de fines assiettes ont gardé leurs couleurs, des lustres leurs grappes de cristal, des miroirs à main leur éclat. Contraste vraiment saisissant entre la décomposition du plus solide et la conservation du plus friable ou du plus facilement altérable. C'est un théâtre féerique qui se donne à voir quand la torche de l'archéologue sous-marin jette ses feux sur ces débris. Alors l'onirique vision évoque-t-elle peut-être la fantastique image de cette cathédrale sous-marine illustrée par Shakespeare dans *Richard III* :

> « *Methought I saw a thousand fearful wrecks,*
> *Ten thousand men that fishes gnawed upon,*
> *Wedges of gold, great anchors, heaps of pearl,*
> *Inestimable stones, unvalued jewels*
> *All scattered in the bottom of the sea.*
> *Some lay in dead men's skulls.* »

> (« En rêve j'ai vu par milliers de terrifiants naufrages,
> Des milliers d'hommes rongés par les poissons,
> Des lingots d'or, de pesantes ancres, des montagnes de perles,
> Des pierres précieuses, des joyaux sans prix,
> Tout cela répandu au fond des mers,
> Et parfois enchâssé dans les crânes des morts »).

Certes, les *happy few* qui ont pu contempler l'épave n'ont pas vu trace de cadavres humains, et moins encore (sans doute à leur plus grand regret) découvert des monceaux d'or, d'argent et de diamants. S'ils s'attendaient à tomber sur les mines du roi Salomon, ils ont dû déchanter. Mais quel spectacle tout de même que cet étrange cimetière marin où se jouent les rayons et les ombres !

Robert Ballard, le responsable américain du programme d'exploration de l'épave du *Titanic,* a dépeint les sentiments qu'il éprouva au cours de sa seconde « perquisition » : véritable moisson de représentations esthétiques dans ce décor irréel semé de couleurs étonnantes et parcouru par une impressionnante faune marine de poissons étranges, d'anémones, de créatures « d'une autre planète ». Ce témoin privilégié déclara :

> « Des traînées de rouille couvraient le flanc du navire, certaines dégoulinant sur toute la hauteur et ruisselant sur les sédiments du sol en formant des nappes de dix à quinze mètres de diamètre, couvertes d'une croûte rouge et jaune : le sang du vaisseau répandu en larges flaques sur le fond de l'océan. »

Vision presque shakespearienne !

> « En montant le long de ce mur spectral, sur bâbord, nos projecteurs réfléchissaient leur lumière sur le verre des hublots intacts, d'une manière telle que je croyais voir des yeux de chat nous fixant dans le noir. Par endroits, la rouille des hublots formait des cils et parfois des larmes comme si le *Titanic* pleurait sur son destin. Près de la lisse supérieure, encore en grande partie intacte, des stalactites de rouille rouge-brun pendaient sur plusieurs mètres, comme les longues aiguilles de glace au bord d'un toit en hiver. »

Après avoir tenté d'appréhender les impressions esthétiques qu'a su inspirer le bateau trépassé, venons-en à évoquer les nombreux agréments que le *Titanic* put offrir à ses occupants le temps d'une si courte existence.

Verlaine réclamait de la musique avant toute chose. Injonction fidèlement observée à bord. La musique y est omniprésente, jusqu'au moment où, comme eût pu dire Dante, « ils n'entendirent plus rien ».

Le *Titanic* bruit de mille dialectes, dominés sans doute par la langue anglaise, mais qui ne s'imposent pas moins souverainement dans les étages inférieurs. Image biblique, le vaisseau prendra successivement la forme d'une nouvelle tour de Babel et d'une arche de Noé qui finit mal. Mais, ignorante des barrières linguistiques, s'avance triomphante la musique, que tous, Levantins, Italiens, Croates, Anglo-Saxons sont à même de goûter avec une égale intensité et, pour ainsi dire, dans la même mesure. Code universel fondamental, elle est à la fois accessible à tous et rigoureusement intraduisible dans l'ordre des mots, dans la pâte du verbe. Cette hypothèse de la primauté absolue du mélodique sur le verbal, partant de la poésie rythmique sur la prose monocorde, se perd d'ailleurs dans la nuit des temps. Elle est l'intuition même qui remplit les mythes orphiques ou pythagoriciens, ou encore l'*Harmonia mundi* de Boèce. Claude Lévi-Strauss assure dans ses *Mythologiques* que la mélodie détient la clé du « mystère suprême de l'homme ». Propos que George Steiner commente ainsi :

> « Que s'éclaircisse l'énigme de l'invention mélodique, de notre sens apparemment inné de l'accord harmonique, et l'on atteindra aux racines de la conscience humaine ».

Et il ajoute :

> « Ce n'est pas par hasard que les deux visionnaires les plus attentifs aux crises de l'ordre classique, Kierkegaard et Nietzsche, ont vu dans la musique l'expression par excellence de la force et de la raison. Alors que la psychanalyse et les *mass media* démasquent l'hypocrisie du langage, il se peut que la musique regagne peu à peu le terrain que l'absolutisme du mot lui avait arraché. »

Ce but semble presque atteint au moment où l'orchestre conduit par la baguette experte de Wallace Hartley exécute ses dernières mesures dans une atmosphère de fin du monde. Car, au contraire du livre, générateur d'un plaisir essentiellement solitaire et de toute façon muet (si l'on fait exception de la tradition aujourd'hui oubliée de la lecture publique ou des lectures en famille, le soir au coin du feu, et même s'il est vrai que les enregistrements en CD de grands textes lus, qui peuvent être écoutés solitairement ou à plusieurs, font quelque peu renaître ce plaisir partagé d'antan), le morceau de musique se révèle d'emblée propriété commune et indivise. Le plaisir de l'un ne lèse pas celui des autres – ce qui est le cas lorsque, à l'inverse, dix ou quinze passagers réclament le droit de consulter tel ou tel ouvrage dont les bibliothèques du navire ne possèdent qu'un seul exemplaire. En écoutant les instrumentistes délivrer leur « message », nous vivons provisoirement, pour le temps que dure l'exécution, une même histoire et nous nous rapprochons ainsi les uns des autres. La musique est ce que les économistes nommeraient un « bien public ». En cette fatale nuit d'avril 1912, elle assura d'émouvante manière son rôle de fédératrice des esprits autour d'un destin commun.

On a beaucoup glosé sur l'attitude de l'orchestre, remarquable à certains égards, et qui ne recula pas à accompagner (au sens musical du terme) les naufragés jusqu'au dernier moment, en interprétant quelques airs familiers sur le pont des embarcations. Une légende tenace veut que l'orchestre ait joué des cantiques, dont le célèbre *Plus près de Toi mon Dieu*. Cette rumeur fit vendre en France plus de cinquante mille partitions du choral après le naufrage. Mais elle était entièrement dépourvue de fondement. Aucun des survivants n'eut souvenir d'une telle musique sacrée. Il semble bien plutôt que l'orchestre ait préféré à ces partitions certes de circonstance le prosaïque *ragtime* et les flonflons à la mode. Les instrumentistes, morts dans la beauté de leur art, n'ont pas davantage joué *Plus près de toi mon Dieu* que le *Vaisseau fantôme,* le *Lac des cygnes* ou encore la *Symphonie héroïque* – et encore moins quelque marche funèbre.

Musique de l'orchestre en premier lieu, mais aussi, à tout prendre, musique de la Technique. Le vaisseau chante en fendant les eaux. La musique « techno », au sens originel de l'épithète, est née il y a près de cent ans. – Que voulez-vous dire par là ? Dame ! que la marche du navire et que les techniques qui servent à le faire avancer produisent une immense mélodie. On imagine le tapage cadencé que produit l'activité des salles des machines, Léviathan sonore comparable sans aucun doute aux virtuelles fureurs auditives qui ponctuent la production industrielle des sous-sols du *Metropolis* de Fritz Lang.

Dans les temps reculés, c'était la nature, c'était le *cosmos,* le grand Tout, qui interprétaient des airs. Les pythagoriciens s'étaient fait une spécialité de la « musique des sphères » célestes. Avec l'apparition de l'homme prométhéen, la nature rendue à sa condition d'esclave s'est soudainement tue. Mais le monde des choses créées par l'homme reprend le témoin, et la technique interprète en lieu et place de la vieille nature qui a dû abandonner ses enchantements une fantastique musique sérielle. L'homme qui n'est plus poète redevient musicien, sans toujours le savoir.

Proust fut l'un des premiers à repérer cette vocation inédite de l'homme moderne. Dans un texte aussi beau que méconnu, « Journées en automobile », il attribue au chauffeur de sa voiture (on parlait encore de « mécaniciens » pour désigner les pilotes de ces engins motorisés) un statut d'artiste par la musique :

> « De temps à autre – sainte Cécile improvisant sur un instrument plus immatériel encore – il touchait le clavier et tirait un des jeux de ces orgues cachés dans l'automobile et dont nous ne remarquons guère la musique, pourtant continue, qu'à ces changements de registre que sont les changements de vitesse ; musique pour ainsi dire abstraite, tout symbole et tout nombre, et qui fait penser à cette harmonie que produisent, dit-on, les sphères, quand elles tournent dans l'éther. »

Passablement poète, Proust compare le volant que tient son chauffeur – il parle également, de façon pittoresque, de sa « roue de direction » – aux croix de consécration que tiennent « les apôtres adossés aux colonnes du chœur dans la Sainte-Chapelle de Paris ». Mais cet instrument recèle une puissance dangereuse car, au moindre écart, la voiture verse dans le fossé, au péril des jours de ses passagers. Aussi Proust forme-t-il le vœu que son « mécanicien » fasse le meilleur usage de son instrument :

> « Puisse le volant qui me conduit rester toujours le symbole de son talent plutôt que d'être la préfiguration de son supplice ! »

De même, à bord du *Titanic*, cathédrale de la Technique en même temps que puissant édifice sonore qui pourrait faire songer, avec les pistons et les foyers ardents de ses entrailles ou avec sa corne de brume, à un immense orgue qu'on ne sait quel Jean-Sébastien Bach pourrait animer de sa fougue géniale, l'heure n'est-elle pas à l'interprétation d'une imposante partition, d'un bien curieux *Art de la Fugue ?* De la musique avant toute chose et jusqu'au dernier souffle des passagers une fois que la geste du drame a débuté…

À la musique, satisfaction de nature cérébrale même lorsqu'elle est légère, il faut un complément physique. C'est aux exercices gymniques qu'il convient de remplir ce rôle. On sait quelles merveilleuses installations sportives étaient disposées à bord pour la satisfaction des « athlètes du grand monde », essentiellement des Anglo-Saxons qui sacrifiaient à la vague sportive (on dirait aujourd'hui « à la déferlante sportive ») née en Angleterre quelques décennies auparavant. On imagine ces élégants moustachus en tenue légère et rayée – dessinant des silhouettes dont la Balbec de la *Recherche du temps perdu* est peuplée – en train d'actionner les avirons, de se livrer à des exercices de musculation, de chevaucher vaillamment quelque cheval mécanique dans un décor d'agrès et de poutres gymniques.

Le sport fait désormais l'objet d'un véritable culte. « *No sport* », aimait à dire Churchill, en cela si peu *british*. Mais le sport, c'est la santé de l'âme. Stefan Zweig, qui fut l'un des meilleurs analystes de la Belle Époque, a admirablement insisté dans *Le Monde d'hier* sur cette mystique de l'hygiène, du sport et du grand air qui prospérait en ce temps-là. Les crasseux et les chétifs se faisaient plus rares.

> « Les hommes devenaient plus beaux, plus robustes, plus sains depuis que le sport trempait et durcissait leurs corps ; on rencontrait toujours plus rarement dans les rues des estropiés, des goitreux, des mutilés. »

Et cela était dû non seulement aux extraordinaires progrès de la science et de la médecine, mais aussi à une pratique plus systématique des sports et des loisirs au grand air. À bord du *Titanic,* le moniteur de gymnastique Mc Cawley (qui se distinguera dans le drame par son comportement héroïque et prouvera ainsi que la gymnastique développe non seulement le corps mais aussi le courage), grand-prêtre de cette nouvelle religion, s'instituera tout naturellement en gardien avisé du dogme. *Mens sana in corpore sano.*

On notera que les installations sportives du *Titanic* accordent une place de choix à la *bicyclette*. Une photographie qui figure en annexe du livre de Philippe Masson représente une dame aux bras finement gantés, couverte jusqu'aux souliers d'une ample robe sombre, trônant sur une bicyclette fixe reliée à une espèce de grande horloge, laquelle doit faire office de compteur kilométrique. D'après ce qu'on peut en juger par la photo, cet instrument ne le cède en rien à nos modernes vélos fixes, qui n'ont précisément pas l'air beaucoup plus modernes. Notre allègre cycliste, qui n'a d'ailleurs pas l'air de se tuer à l'exercice, arbore son meilleur sourire en faisant face à l'objectif. Le vélo, qui figure en bonne place dans la « salle de gym », a totalement acquis ses lettres de noblesse. Lord Byron prenait des bains : la bonne société désormais pédale à plein braquet. Les politiques eux-mêmes sont gagnés par l'innocent virus du cycle. À preuve, trois futurs Premiers ministres de Sa Majesté s'adonnent sans réserve au culte de la pédale : « Lord Salisbury faisait du tricycle. Vers 1894, Arthur Balfour donnait dans le parc de lady Warwick des leçons de bicyclette à Mr. Asquith. [...] Pour les héros des premiers romans de Wells, la bicyclette était une monture aussi romantique que pour Don Quichotte Rossinante », nous apprend André Maurois dans *Édouard VII et son temps*.

Maurice Barrès, quant à lui, apôtre déclaré de la pratique des sports (il prenait quotidiennement une leçon d'armes), n'a pas manqué de déplorer avec véhémence, à l'occasion d'un article paru en 1894 dans *Le Journal*, l'extrême discrédit esthétique dont semblait encore trop souvent victime le vélocipède. Aussi enjoignait-il aux poètes et aux philosophes d'exalter cette noble activité et de lui reconnaître une valeur propre, réclamant

« qu'on donnât une valeur d'émotion à un exercice qui, jusqu'à cette heure, reste un peu mécanique. À premier examen, la supériorité de la natation et de l'équitation, c'est qu'il y a lutte. Le danger ou du moins la résistance qu'on trouve à manier un cheval ou à suivre la vague sont un élément très réel de beauté. Mais cette objection disparaît s'il s'agit du patinage ou de la simple marche, où l'on ne risque pas plus que dans le cyclisme.

Qu'est-ce donc qui constitue leur indéniable supériorité esthétique, attestée par ce fait que les *Rêveries d'un promeneur solitaire* ne nous font pas sourire, tandis que l'image d'un Lamartine ou d'un Jean-Jacques, montant sur une bicyclette, semble une fâcheuse bouffonnerie ?

La réponse apparaît à chacun. Le cyclisme est un plaisir trop récent. Rien n'a de beauté pour nous que ce qui détermine un frémissement dans le fond de notre inconscient. Un cheval, un fusil, voilà les vieux instruments de l'homme. C'est de l'usage qu'en firent nos ancêtres que naît toute leur poésie. Quoi que nous pensions de nous-mêmes, nous sommes d'acharnés conservateurs. Nous n'accordons de beauté profonde qu'aux choses d'usage antique. Nous ne jugeons rien par nous-mêmes, mais nous héritons des façons de sentir des morts... »

Le caractère récent et mécanique du vélocipède plaidait en faveur de sa consécration future, après que ce nouveau mode de déplacement serait totalement entré dans les mœurs et que les poètes lui auraient rendu les honneurs qu'il méritait. Doublement mécanique, le vélo du *Titanic* a conquis ses galons et semble faire cause égale avec le cheval mécanique. Mais, plus de cent ans après Barrès et malgré tout le travail esthétique d'un Antoine Blondin, avons-nous vraiment changé de perspective et adopté une nouvelle sensibilité à ce sujet ? Le vélo a-t-il gagné cette « valeur esthétique » à la faveur de laquelle l'image d'un Rousseau cycliste ne nous semblerait plus entachée de bouffonnerie ?

Pour achever ce panorama, rappelons qu'il y a des sportifs, et même de grands champions, à bord du *Titanic*. Sir Cosmo Duff Gordon est un grand escrimeur. David John Bowen et Leslie Williams pratiquent le « noble art » de la boxe. Charles Eugene Williams a été sacré champion du monde de squash en 1911.

Mais il y a mieux encore : Richard Norris Williams, dit « Dick Williams ». Et son histoire mérite ici d'être contée. Il partage une cabine de première classe avec son père. Pendant le naufrage, le jeune homme parvient à rejoindre à la nage un canot de sauvetage et se retrouve nez à nez avec un bouledogue de concours, échappé du chenil dans la confusion générale. Il y prend place tant bien que mal puis se hisse sur une autre embarcation tout aussi précaire, pendant que son père, moins heureux, meurt écrasé par la chute d'une cheminée. Les jambes plongées des heures durant dans les eaux glacées de l'Atlantique, Williams survit jusqu'à l'arrivée du navire du salut, le *Carpathia*, qui repêche les rescapés.

Sauvé mais pas tiré d'affaire, il frôle l'amputation. Un médecin à bord du navire le presse de se soumettre immédiatement à la pénible opération pour prévenir une gangrène, tant ses jambes ont souffert du naufrage. Williams refuse catégoriquement. Ses forces sont tout entières tendues vers un objectif : poursuivre à tout prix sa carrière de tennisman à peine entamée. À force de volonté, il parvient à sauver ses membres.

Quelques mois plus tard, il remporte le tournoi sur herbe de Pennsylvanie, battant au passage le jeune Bill Tilden. En 1914, l'héroïque rescapé du *Titanic* remporte les Internationaux des États-Unis au casino de Newport. En quart de finale, Williams rencontre Karl Behr, finaliste en double à Wimbledon en 1907 et ancien numéro 3 américain, qui partage avec lui le fait d'avoir été... à bord du *Titanic* !! En 1916, Williams réitère cette belle performance. Après quoi, il sert pendant la Première Guerre mondiale dans l'armée américaine et obtient la Légion d'Honneur et la Croix de guerre. L'armistice signé, le champion décoré fait son retour sur les courts. En 1924, il décroche une médaille d'or en double mixte aux Jeux Olympiques de Paris. Membre de l'équipe américaine de Coupe Davis pendant près de quinze ans, il en devient le capitaine au milieu des années 1930.

Après la musique et les sports, place au livre. La culture du livre est manifestement destinée à rompre la froide domination de la technique. Et l'on ne peut manquer d'être surpris par son importance à bord du *Titanic*.

Certes, le mythe est solidement ancré selon lequel le *Titanic* aurait abrité des livres extrêmement précieux. Ainsi, pour faire bonne mesure à côté du luxe des équipements et de la fortune vertigineuse de certains passagers, on raconte par exemple que les coffres du *Titanic* auraient renfermé un recueil de poèmes persans, les *Rubaïyat* d'Omar Khayyām, à la reliure enchâssée de rubis et de pierres d'une valeur inestimable. Vérification faite, il ne s'agissait que d'une copie...

Mais si le livre-marchandise ne remplit pas ses promesses de richesse extrême, en revanche le livre-valeur spirituelle affirme ses droits. Nos actuels milliardaires ne répugnent pas à acquérir des

ouvrages, à caractère strictement littéraire ou de nature artistique
– tels que des carnets de croquis de grands peintres –, lorsque ces
derniers sont susceptibles de constituer de motivants investissements
matériels. On songe par exemple à Bill Gates, qui n'est certes guère
un homme de l'écrit mais ne s'en est pas moins porté acquéreur du
Codex Leceister, célèbre cahier de dessins et de « coupes techniques »
de Léonard de Vinci. Mais quant à collectionner les livres rares
pour le plaisir ou même à prendre la plume pour le plaisir, ils
peuvent repasser…

Nous sommes accoutumés aujourd'hui à distinguer de manière
extrêmement tranchée entre les civilisations orales, les civilisations
du livre et les sociétés de l'image (voire, pour user d'une notion
chère à Guy Debord, les sociétés du spectacle). Le *Titanic,* arche
de Noé des technologies les plus avancées du début du siècle,
aurait logiquement dû faire l'impasse sur les supports scripturaux
classiques. Il n'en était rien. À côté de l'indispensable *livre de
bord* qui, heure par heure, retrace la vie technique du bateau et
les péripéties de la navigation, à côté des nombreux exemplaires
du Livre (c'est-à-dire de la Bible), les ouvrages de création et de
simple agrément occupent à bord une place de choix.

Les plans du navire montrent que les salons-bibliothèques et les
cabinets de lecture n'ont pas été oubliés. On note que les passagers
des deux premières classes disposent respectivement d'une vaste
bibliothèque copieusement garnie. Jadis, la lecture et l'écriture
constituaient les occupations favorites des passagers des grands
liners. Quand la durée des traversées excédait quinze jours ou
trois semaines et quand on sait par ailleurs que le temps ne passe
vraiment pas vite sur l'eau, la consultation des livres, la rédaction
de correspondances bavardes, voire la composition d'ouvrages-
fleuves (c'est le cas de le dire), formaient d'efficaces occupations.
Du moins pour ceux qui savaient lire et écrire. Au début du XVIIIe
siècle, le philosophe et théologien irlandais Berkeley, s'apprêtant
à embarquer pour le Nouveau Monde, avait fait monter à bord

vingt mille ouvrages pour sa consommation personnelle. C'était là s'entourer d'une bonne compagnie. Mais lorsque le temps de la traversée atlantique ne dépasse plus quatre ou cinq jours, l'activité de la lecture revêt forcément une forme différente.

Il n'empêche que, faute d'écrans de télévision et d'antennes de radio, le *Titanic* est encore marqué sous le rapport culturel par le plus grand « classicisme ». L'auteur de ces lignes ignore la répartition des genres et des matières représentés dans les différents lieux livresques du *Titanic,* mais on peut conjecturer que le roman « fin de siècle » y jouissait d'une place de choix, à côté d'une littérature plus austère destinée, par exemple, aux nombreux universitaires qui peuplaient la seconde classe.

John Astor, premier des passagers par l'étendue de sa fortune, est un bibliophile averti. Il partage sa passion des chiens avec un autre passager lui-même très introduit dans le monde des livres, Henry Sleeper Harper – de la famille des éditeurs –, qui promène fièrement son pékinois curieusement dénommé Sun Yat-Sen. S'il s'intéresse à tous les aspects de la technique, cet opulent propriétaire de la chaîne d'hôtels Waldorf Astoria (la commission d'enquête constituée après le drame mènera d'ailleurs ses auditions dans les salons du Waldorf Astoria de New York) est un esprit divers que l'on dit doué d'une curiosité universelle. Excellent yachtman (ce qui lui a valu le grade de colonel), il s'impose comme un bricoleur éclectique qui, comme nous l'apprend Philippe Masson, a déposé des brevets dans des domaines aussi variés que les freins de bicyclette, les pneus de voiture ou les turbines de navire. C'est un grand coureur dont les frasques sentimentales ont fait grand bruit. Astor est par ailleurs l'auteur d'un *roman.*

Autre magnat, George Widener, roi des tramways, a un fils « éclairé », qui se signale par son amour des livres rares. Il possède entre autres merveilles une Bible de Gutenberg. Après sa disparition dans le naufrage, sa mère fera don de ses collections à l'université de Harvard, dont la bibliothèque porte depuis le nom. Il convient de noter que d'autres donations interviendront après le drame du *Titanic,* les ouvrages de John Astor rejoignant ainsi la bibliothèque municipale de New York.

Esprit plus « technique », l'ingénieur en chef Andrews arpente le navire en tous sens depuis le début du voyage, un stylo à la main, consignant dans son carnet de notes toutes les imperfections ou modifications éventuelles à apporter pour la bonne marche du *Titanic.* Méthodique à l'extrême, occupé du moindre détail, contrarié à l'excès par un robinet qui coule ou par une porte qui coulisse mal, ce très méticuleux technicien remplit inlassablement des pages d'observations depuis le réveil jusqu'au coucher. « Tous les soirs – écrit Philippe Masson – retiré dans la suite qui lui a été attribuée, Andrews travaille jusqu'à une heure avancée de la nuit, perdu dans ses calculs, au milieu d'une montagne de cartes et de plans. » Sorte de Léonard des traversées transatlantiques, absolument plongé dans ses pensées d'ingénieur au moment de l'accident, il ne remarquera d'abord rien, pas même l'arrêt des machines. Ce n'est qu'après avoir été alerté par l'équipage qu'il prendra conscience, mais très vite et avec l'infaillible coup d'œil de « l'aigle technique », de l'ampleur de la catastrophe et de son caractère absolument inexorable. Il incarnera alors l'impuissance lucide de l'homme de la technique que son œuvre a « trahi » et qui se retourne contre son créateur.

Autre figure qui compose une scène étrange et tragique, celle du publiciste William Stead. À l'approche de l'échéance fatale, les esprits religieux prient ou chantent des cantiques, les musiciens professionnels caressent le violon. Lui, esprit positif, reste inébranlable. Nous le voyons se retirer dans l'un des salons, muni d'un livre, tel cet Ancien qui, condamné à mourir, heurtait suavement les cordes d'une lyre dans le fond de sa prison et qui, à la question de ses amis : « Pourquoi joues-tu de la lyre ? », livra cette réponse : « Pour apprendre à jouer de la lyre ». On raconte pareillement que saint Louis de Gonzague, jouant à la balle, fut ainsi apostrophé par ses camarades de jeu : « Que feriez-vous si l'on vous annonçait que vous allez mourir dans dix minutes ? » et qu'il leur répondit : « Eh bien ! je continuerai de jouer. » Profitons donc comme nous l'entendons de nos derniers instants.

Nul doute en tout cas que la fin sublime de Stead eût ravi Proust, qui écrivit en 1907 pour *Le Figaro* un article intitulé « Journées de lecture », où l'on peut lire ces mots que le publiciste n'aurait certainement pas désavoués et qui, appliqués à la situation où se trouvait présentement ce dernier, prennent un relief singulier :

> « Tant que la lecture est pour nous l'initiatrice dont les clefs magiques nous ouvrent au fond de nous-mêmes la porte des demeures où nous n'aurions pas su pénétrer, *son rôle dans notre vie est salutaire...* »

Et un peu plus loin dans ce même article :

> « La lecture est la plus noble des distractions, la plus ennoblissante surtout. »

Que dire de la noblesse d'esprit du lecteur qui se dispose à mourir un ouvrage à la main ! Sans doute Stead a-t-il quitté la scène avec des « éblouissements qui rendent joyeux », ainsi que Flaubert qualifiait ces sentiments que procure la lecture des grands maîtres.

Et puis, par une coïncidence extraordinaire, Stead avait été le prophète involontaire du drame. Cet Anglais influent prenait le plus grand intérêt aux progrès maritimes de l'époque. Quelques années avant le drame, il avait publié un article plus qu'étonnant dans la *Review of Reviews*. Intitulé « Du vieux monde au nouveau monde », ce papier étrangement prémonitoire mettait en scène un authentique bateau de la White Star, le *Majestic,* aux performances inégalées, commandé... par le capitaine Smith – celui-là même qui prit la barre du *Titanic* –, et qui (ici Stead inventait) disparaissait à la suite d'une collision avec un iceberg. Il s'ensuivait une histoire imaginaire aux rebondissements rocambolesques : grâce à la télépathie, un groupe de rescapés finissait par être repéré, réfugié sur un bloc de glace. Les secours arrivaient en temps utile…

Esprit singulier, ne reculant guère devant l'excentricité, notre plumitif préposé à l'annonce des désastres avait en outre prévu, dans un autre article de la même revue, les jours les plus sombres pour la Couronne britannique. Titania – c'est ainsi qu'était surnommée la reine Victoria – avait assuré la solidité de la monarchie. « Mais, se demandait Stead avec quelque rudesse, quand le petit homme gras, en uniforme rouge, montera sur le trône, combien de temps durera-t-elle ? » Le propos avait été jugé parfaitement inconvenant. Il n'empêche, de bons esprits nourrissaient déjà de fortes inquiétudes sur l'avenir de la royauté, jugeant l'homme à l'uniforme rouge – qui s'avéra être en fait un très honnête souverain sous le nom d'Édouard VII – incapable de succéder à Titania sur le trône d'Albion. Or, jusqu'à nouvel ordre, la monarchie britannique n'a pas fait naufrage…

N'importe, on ne se lassera pas de répéter qu'il y a quelque chose d'extraordinaire dans l'instinct livresque auquel s'abandonne un homme dans de telles circonstances. Et ce d'autant plus que Stead n'était ni un sage stoïcien ni un héros intrépide capable de braver tous les dangers et totalement insensible à la peur. Au début du voyage, il avait fait un rêve bizarre, peuplé de chats qu'on lançait inexplicablement d'une fenêtre, et ce cauchemar dont Freud aurait pu faire son miel le poursuivait désormais jour et nuit, lui inspirant les plus vives appréhensions. Il ne s'en cachait d'ailleurs pas. Mais quand l'objet de ses craintes prit une forme objective et définitive, alors il semble qu'il ait subitement accédé à une inaltérable égalité d'âme. La lecture n'a-t-elle point joué l'office d'une formidable thérapeutique contre la peur ?

Scripta manent, dit le proverbe. Mais le papier ne résiste ni aux injures de l'eau salée ni à l'action des embruns. Si, par extraordinaire, des partitions d'orchestre, des cartes postales, de vieux journaux et même des billets de cinq dollars ont été retrouvés à proximité des entrailles du *Titanic,* il ne demeure rien des innombrables livres qui ornaient les bibliothèques… sinon l'image vaguement spectrale d'un homme concentré sur sa dernière lecture avant d'accomplir l'ultime plongeon.

Quelques autres personnalités méritent encore d'être mentionnées dans la mesure où, sans s'être signalées par un quelconque rapport conscient à l'univers livresque, elles renvoient peu ou prou à certaines figures de roman ou évoquent des auteurs littéraires. S'il n'y avait pas de casinos à bord des *liners,* les jeux d'argent n'en étaient pas moins pris en bonne part, et c'est pourquoi les traversées attiraient un bon nombre d'aventuriers du poker ou des dés. Aussi le *Titanic* ne manqua-t-il pas d'accueillir à son bord des joueurs professionnels, attirés par les espérances de gain qu'ils jugeaient assurément immenses.

Il y a quelques années, une malle au nom de Howard H. Irwin a été repêchée de l'épave. En ont été extraits des jeux de cartes, des billets de course de lévriers et de chevaux émanant des hippodromes américains et australiens, soit le parfait attirail du *player* de haute volée. Mais, fait étrange, le nom d'Irwin n'apparaît pas sur la liste des passagers ayant embarqué sur le *Titanic!* Le chercheur américain Matt Tuloch a débrouillé l'énigme. Au terme d'une longue et minutieuse enquête, il a pu établir que le propriétaire de la valise se trouvait bien à bord, mais sous un nom d'emprunt. Au moment où il prend place sur le *Titanic,* il s'apprête à boucler un tour du monde qui, après une traversée des États-Unis en train d'est en ouest, l'a conduit en Australie, où il s'est mis à collectionner gris-gris, peaux de serpents et trophées d'antilope – tout ce bric-à-brac se trouvait dans la fameuse malle –, puis sur l'océan Pacifique, à Suez, enfin en Europe. Cet aventurier fantasque et désargenté n'évoque-t-il point un héros de Joseph Conrad?

Plus étonnante encore est la fin de Jay Yates, autre joueur professionnel que Walter Lord évoque rapidement dans son livre. Cet individu qui rappelle aussi bien un personnage de Dostoïevski qu'un mystificateur gouailleur de la trempe d'Arsène Lupin va accomplir un geste merveilleux. Resté seul sur le pont, il tend à une femme qui monte sur un canot une page déchirée de son agenda sur laquelle il a griffonné quelques mots : « Si sauvée, prévenez ma sœur Mme F. J. Adam de Findlay, Ohio. Perdu. J. H. Rogers. » Quelle belle anecdote que ce billet absolument laconique, mais d'une si grave teneur, et signé par-dessus le marché d'un nom d'emprunt ! Au moment fatal, ce Jay Yates, joueur jusqu'au bout, répugne à faire tomber le masque. Alors qu'il est on ne peut plus « sur la brèche », il use encore d'artifice pour transmettre un mot à sa propre sœur. Au lieu de dévoiler sa véritable identité, il préfère faire état d'un nom d'emprunt choisi, paraît-il, parmi de nombreux autres noms possibles. Comment ne pas penser ici au grand Fernando Pessoa, qui aimait lui aussi à s'affubler de mille identités et qui était passé maître dans l'art de l'*hétéronyme* ?

Enfin, on peut rappeler ici l'histoire moins touchante et quelque peu sordide arrivée à deux petits Français. Au moment des embarquements dans les canots, un père accompagné de ses deux jeunes fils se présente devant le cordon de sécurité tendu par des officiers pour ne laisser passer que les femmes et les enfants. Il confie ses rejetons à l'équipage en déclarant s'appeler M. Hoffman, en partance avec ses bambins pour un séjour familial aux États-Unis. Ayant échappé au drame, les deux petits Hoffman, que les médias avides de slogans choc baptisèrent promptement les « orphelins de l'abîme » et qui eurent les honneurs scripturaires et photographiques de l'*Illustration* du 4 mai 1912, suscitèrent une immense émotion à travers le monde. Une sorte de caisse de secours fut constituée à leur profit. Mais l'on apprit bien vite que le prévenant M. Hoffman s'appelait en réalité Navratil et que, s'il était sans doute animé d'un réel amour pour ses enfants – qui étaient effectivement ses enfants –, il ne les avait pas moins arrachés au sein de leur mère, dont il vivait séparé, et s'était ainsi rendu coupable d'un authentique et peu courant *kidnapping*. On payerait cher pour savoir quelle idée lui passa par la tête au moment où il déclina sa fausse identité. Pourquoi Hoffman ? Était-ce par considération pour le conteur, dont les histoires font les délices des jeunes lecteurs ? Était-ce absolument fortuit ? Ou bien cette fantaisie s'expliquait-elle par quelque réminiscence des morceaux de musique qui avaient été interprétés par l'orchestre ? Car il se trouve que la formation du bord avait joué les *Contes d'Hoffmann* d'Offenbach quelques heures avant le drame... Cette interprétation ne laissa certes pas que de bons souvenirs. La sympathique comtesse de Rothes, que nous avons déjà rencontrée, se souvint toute sa vie comment, un an après le drame, elle s'était trouvée soudainement envahie d'un indescriptible sentiment de froid et d'horreur au cours d'un dîner entre amis. Cette impression qu'elle associait au souvenir du *Titanic* lui parut bien mystérieuse, jusqu'au moment où elle réalisa que l'orchestre jouait... les *Contes d'Hoffmann*.

Par malheur, cette explication psycho-musicale est dépourvue de fondements solides dans la mesure où M. Navratil et ses affectionnés kidnappés avaient pris place dans une cabine de seconde classe alors que l'orchestre s'était produit dans les salons de la première classe. Mais les accents de la musique d'Offenbach avaient peut-être filtré dans la seconde classe...

Sur un tout autre plan s'impose enfin et toujours la haute figure de Benjamin Guggenheim. Étranger à toute affectation, tel qu'en lui-même résolument à l'heure de rencontrer le destin, il conçut un message à l'adresse de sa femme (qui n'avait pas pris place avec lui sur le *Titanic*) tout aussi dénué d'ornement que celui de Jay Yates, mais qu'il ne signa pas, lui, d'un nom d'emprunt : « Si quelque chose devait m'arriver, dites à ma femme que j'ai fait mon devoir. » L'honneur passe avant l'expression des sentiments. Ce billet qui est tout sauf doux n'est pas sans évoquer la rude et belle apostrophe que le chef steward du *Carpathia,* le navire du salut, servit aux hommes d'équipage avant que les opérations de sauvetage débutent : « Que chacun soit à son poste et fasse son devoir, les harangua-t-il. Et si la situation l'exige, soyons tous prêts à ajouter une page glorieuse à l'histoire britannique. » À cette différence près que Guggenheim était américain, le sens du devoir fut par lui éminemment respecté, et le géant écrivit une page – ou du moins une ligne – de l'histoire de son pays, non dépourvue de gloire.

Guggenheim mariait l'amour des livres et l'amour des beaux-arts. Esthète jusque dans ses manières, il tira sa révérence revêtu de sa plus belle tenue de soirée, très dans la façon d'un virtuose de la vie mondaine, entre d'Orsay et Brummel, mais sans gouaille ni pose. Sa réussite dans l'industrie du cuivre lui avait permis d'accomplir sa vocation d'amateur d'art, et ses collections de peintures et de sculptures, rendues orphelines par le drame, serviront à constituer le musée new-yorkais qui porte son nom. À toute chose, malheur est bon !

Benjamin Guggenheim fit d'ailleurs école puisque sa descendante Peggy, elle-même grande collectionneuse, fondera un musée à Venise, mais dans des circonstances beaucoup moins dramatiques. Il est dommage que *La Mer de Glace* de Caspar David Friedrich, ce tableau qui représente un navire couché – *L'Espérance* – pris dans un immense et chaotique amas de lourdes assiettes de glace, ne soit pas la propriété de l'un de ces deux musées (l'œuvre appartient à la Kunsthalle de Hambourg). Ce serait là un éloquent rappel du drame et un bel hommage, certes mâtiné de quelque ironie, au grand disparu du *Titanic*.

Chapitre IV

NAUTILUS VERSUS TITANIC

Il fallut au premier homme qui creusa un canot un singulier culot pour oser ainsi affronter la mer. Une si extraordinaire aventure peut-elle seulement s'expliquer ? Bien plus que par la poursuite d'incertains intérêts matériels, c'est par le goût d'entreprendre et de se risquer sans aucun motif utilitariste bien arrêté que se comprend le mieux ce premier embarquement, qui inaugura un nouvel âge de l'humanité en lui ouvrant des espaces inédits et en lui apprenant peu à peu à mater un élément hostile.

Gaston Bachelard décrit ce premier pas liquide dans *L'Eau et les Rêves* :

> « Il apparaît que l'utilité de naviguer n'est pas suffisamment claire pour déterminer l'homme préhistorique à creuser un canot. Aucune utilité ne peut légitimer le risque immense de partir sur les flots. Pour affronter la navigation, il faut des intérêts puissants. Or les véritables intérêts puissants sont les intérêts chimériques. Ce sont les intérêts qu'on rêve, ce ne sont pas ceux qu'on calcule. Ce sont les intérêts

fabuleux. Le héros de la mer est un héros de la mort. Le premier
matelot est le premier homme vivant qui fut aussi courageux qu'un
mort. »

Il est entendu, d'après ces mots, que ce qui a poussé nos très
lointains ancêtres à poser le pied sur de frêles esquifs pour affronter
la houle et l'eau salée et pour faire voile vers Dieu sait quels horizons
reculés n'était pas la soif de l'or, la chasse aux trésors. Ce qui les
disposa à courir l'aventure fut d'abord l'envie de courir l'aventure.
Si l'on veut bien restituer à leur niveau primitif les mobiles qui
ont déterminé des êtres terrestres à s'affranchir de leur élément
maternel, l'accent doit donc être mis sur cette part de rêve aventureux
qui explique mieux ce phénomène révolutionnaire que toutes les
considérations matérielles qu'on puisse imaginer. L'aventure plus
que la cupidité, la curiosité plus que la maraude rendent compte
de cette entreprise inaugurale qui a consisté pour l'homme à se
doter d'une attitude offensive à l'encontre de l'élément liquide,
doué d'un très fort coefficient d'adversité.

C'est de l'exploitation géniale de cet impérissable *conatus*
aventurier que sont nées à la fois l'œuvre de Jules Verne et sa
considérable popularité, qui a atteint au plus haut degré chez ceux
qui, mieux que les autres, sont animés de ce désir insatiable de
découverte, à savoir les enfants. Toute l'œuvre de Jules Verne se place
à l'évidence sous le signe d'une injonction : le devoir d'exploration,
qu'il s'agisse du voyage de la terre à la lune, de la consultation des
entrailles de la terre ou du sondage des fonds marins. Mais la conquête
de l'espace infini s'accomplit invariablement par le truchement
d'un véhicule hermétiquement clos. Le système exploratoire de
Jules Verne balance entre l'univers infini et le schème du monde
clos. Capsules lunaires, caissons étanches, habitations insulaires
subtilement retranchées du monde extérieur – le modèle le plus
accompli en est vraisemblablement fourni par *L'Île mystérieuse* –,
et bien évidemment le fameux sous-marin du capitaine Nemo, tous

ces moyens de locomotion et de découverte répondent au plus haut point au principe de la clôture et du retranchement. Il s'agit pour Verne tout autant de meubler des lieux intérieurs que d'établir une exacte topologie des grands espaces inviolés.

On se tromperait donc en croyant que le chiffre de cette œuvre est à rechercher exclusivement du côté du grand air et de la volonté de plus grande ouverture possible de la lunette exploratoire. Car les grands romans de Jules Verne font la plus grande part au « microcosme » de l'explorateur. Ce point a été magistralement mis en exergue par Roland Barthes dans un article de ses *Mythologies* qui a pour titre « Nautilus et Bateau ivre ». Il explique que le principe de l'œuvre de Verne est « le geste continu de l'enfermement », duquel Barthes fait découler la grande fortune de ce romancier auprès de ses enthousiastes et innombrables jeunes lecteurs – Barthes affirmant en effet qu'il s'est noué une intime correspondance entre l'imagination du voyage chez Verne, identifiée à une exploration de la clôture, et la prédilection marquée des enfants pour le fini, qui s'exprime par exemple dans la passion des cabanes et des tentes.

C'est pourquoi l'on peut dire que ce n'est pas vraiment la passion du voyage qui règle l'esprit des livres de Verne : c'est certes la volupté de la découverte des grands espaces, sourdement hostiles à l'homme, mais dans un cadre resserré, confortable et douillet. L'asservissement général de la nature est toujours imaginé sous cet angle : c'est dans un cocon technique que l'on affronte le mieux le grand large. Aussi nous plaît-il de considérer Verne comme l'un des plus grands adeptes du *cocooning* que le monde ait jamais connus. Barthes déclare de manière lumineuse que

> « Verne ne cherchait nullement à élargir le monde selon des voies romantiques d'évasion ou des plans mystiques d'infinis : il cherchait sans cesse à le rétracter, à le peupler, à le réduire à un espace connu et clos, que l'homme pourrait ensuite habiter confortablement ».

Ce point mérite d'être souligné dans la mesure où la distribution de l'espace à bord du *Titanic* fait parfaitement écho à cette ambition qui oscille indéfiniment entre le cadre hostile d'un élément naturel et la confortable sécurité de l'observateur. S'enclore et s'installer dans un bonheur cossu constitue le rêve existentiel de l'enfance comme celui de Verne et des passagers du *Titanic*. Pour ces derniers, il s'agit en substance de traverser l'océan à pieds secs, de glisser sur les eaux sans jamais s'aventurer au-delà d'un espace de sociabilité clairement défini et bourgeoisement garni. Ainsi s'accomplit la téméraire promesse du monde de la technique, qui vise avant tout à assurer à l'homme une parfaite plénitude de vie partout où il porte ses pas et à lui faire connaître que rien ne peut lui échapper, que le monde le plus lointain est comme un objet dans sa main. Quand l'homme est à même d'organiser dans des conditions extrêmes une vie collective qui reproduit les manières, les activités et les horaires qu'il a adoptés à terre, alors il peut se jouer de la sourde animosité du cadre naturel où il s'aventure audacieusement sans jamais se dépouiller de ses atavismes sociaux et de sa recherche d'un optimum de bien-être. Et il peut se croire, non sans raison, seul maître. Ainsi l'aptitude à définir un confort propre au milieu sous-marin ou intersidéral est-elle le meilleur gage de la supériorité de l'homme sur l'univers et le signe le plus affirmé de cette espèce de grignotage de la planète et de son environnement par l'*homo viator*. Celui qui peut satisfaire à sa curiosité d'explorateur tout en savourant une chaude tasse de thé par plusieurs milles de fond, confortablement calé dans un bon fauteuil dans le moment où il voit passer par les hublots de sa machine fantastique on ne sait quels êtres bizarres associés à de dangereux poulpes, celui-là peut légitimement se sentir propriétaire de l'univers. De même, celui qui franchit des abîmes d'eau salée dans une luxueuse cabine rappelant quelque attachant intérieur hollandais ou vénitien peut se déclarer maître et possesseur de l'océan. L'appropriation est l'*alpha* et l'*oméga* du héros vernien comme de l'*homo faber* à la manière titanesque.

Au nombre des toujours ingénieux modes de transport verniens, une place à part doit être ménagée au *Nautilus*. Barthes insiste justement sur l'importance de l'image du bateau dans la mythologie vernienne, précisément pour la raison que

> « le bateau peut bien être symbole de départ ; il est, plus profondément, chiffre de la clôture. Le goût du navire est toujours joie de s'enfermer parfaitement, de tenir sous sa main le plus grand nombre possible d'objets. De disposer d'un espace absolument fini : aimer les navires, c'est d'abord aimer une maison superlative, parce que close sans rémission ».

Cette belle période convient tout aussi bien à qualifier la philosophie du *Titanic*. La volupté de l'enfermement, qui apporte un déni si ostensible aux réflexes claustrophobiques, la volonté d'être « chez soi » au cœur de l'inhospitalier grand large et d'avoir son foyer dans ce *no man's land* océanique, et enfin le désir de profiter de cette situation bénie de confort et de sécurité instituent le bateau en *principe d'habitat* bien plus qu'en simple moyen de locomotion.

Bref, advienne le déluge extérieur, l'arche du luxe flottant ou l'habitacle sous-marin garantissent de toute interférence négative avec les éléments déchaînés. À l'instar du miraculeux repos dont on jouit dans un refuge de montagne après quelque pénible ascension et au moment même où, peut-être, des avalanches et des orages se déclenchent dans le creux des cimes escarpées, la tranquille volupté ressentie dans le douillet véhicule nautique est source d'un incontestable bonheur matériel. Barthes écrit :

> « Tous les bateaux de Jules Verne sont bien des *coins du feu* parfaits, et l'énormité de leur périple ajoute encore au bonheur de leur clôture, à la perfection de leur humanité intérieure. Le *Nautilus* est à cet égard la caverne adorable : la jouissance de l'enfermement atteint son paroxysme lorsque, du sein de cette intériorité sans fissure, il est possible de voir par une grande vitre le vague extérieur des eaux, et de définir ainsi dans un même geste l'intérieur par son contraire. »

Mais ce sanctuaire apparemment inviolable n'en est pas moins réellement exposé aux jalouses velléités d'intrusion de l'extérieur, et il arrive que cette « intériorité sans fissure » finisse quand même par se fissurer, par exemple à la suite de la rencontre avec un iceberg... Alors l'enfermement chéri se découvre au plus haut point vulnérable, et débute l'épreuve, soit qu'elle s'avère libératrice, comme dans l'occurrence de l'expulsion hors de la douceur utérine (et de pâles psychanalystes ne manqueraient sans doute pas de déceler une touche nostalgique de « l'idéal de vie » intra-utérin dans l'œuvre de Jules Verne), soit qu'elle se révèle fatale et meurtrière comme dans le cas du *Titanic*.

« La plupart des bateaux de légende ou de fiction sont thème d'un enfermement chéri », observe Barthes. Cela est souverainement vrai du *Nautilus* ou de l'arche de Noé, dont l'enfermement procure bien plus qu'un indicible confort des sens, étant au principe de la conservation future de la vie sur terre. Mais ce propos convient aussi bien à décrire la « psychologie » du *Titanic*. La tragédie du géant des mers ne se confond-elle pas de poignante façon avec une cruelle et soudaine mise en cause d'un « enfermement chéri », avec la brutale annihilation d'un univers rond et lisse ? C'est à l'heure où la soirée s'achève sur une lente digestion et où les passagers s'apprêtent à gagner leur lit (sorte de cocon dans le cocon) que surgit la hideuse face du drame. Alors cet habitat construit pour le plaisir de l'œil et le bien-être du corps va se dégrader très vite et perdre immédiatement toutes ses vertus protectrices et émollientes.

Dans cette mythologie de la navigation, il n'est qu'un moyen pour ruiner la nature possessive de l'homme sur le navire et sur le terrain liquide qui l'entoure : c'est de supprimer l'homme et d'abandonner le navire à son destin. Vaisseau autoguidé qui remet en cause la légitimité du pilotage humain. Ivresse de l'émancipation de la matière. Pygmalion de la technique.

« Alors, écrit Barthes, le bateau cesse d'être boîte, habitat, objet possédé ; il devient œil voyageur, frôleur d'infinis ; il produit sans cesse des départs. L'objet véritablement contraire au *Nautilus* de Verne, c'est le *Bateau ivre* de Rimbaud, le bateau qui dit "je" et, libéré de sa concavité, peut faire passer l'homme d'une psychanalyse de la caverne à une poétique véritable de l'exploration. »

À compter du moment où le navire ne répond plus aux injonctions du technicien et où il s'approprie une existence totalement séparée de ses concepteurs et de ses pilotes, ce qui jusque-là n'était que douceurs de l'enfermement lustral et bourgeois se mue en un gros cauchemar. La clôture devient sombrement claustrale, carcérale, l'univers intérieur se fait à proprement parler concentrationnaire. La coquille se referme et ceux qu'elle contient sont voués à disparaître. Bref, c'est au moment où, en piquant du nez, le navire doit renoncer à sa vocation de forteresse cossue qu'il lui faudrait développer des qualités amphibies dont il est dépourvu. Le prétendu insubmersible une fois submergé gagnerait sans doute à se transformer en sous-marin, à adopter une nouvelle identité, à être donc *Nautilus*. C'est là, bien entendu, un vœu pieux.

Grâce aux progrès de l'archéologie sous-marine, la rencontre symbolique du *Nautilus* et du *Titanic* s'est accomplie : le temps est venu où l'on a fait appel à des sous-marins pour explorer la carcasse du *Titanic,* retrouvée au milieu des années 80. En 1987, les opérations de fouilles ont été conduites à l'aide d'un petit sous-marin extrêmement performant. Ce dernier, doté d'une capacité de plongée jusqu'à une profondeur de 6 000 mètres, se trouve donc en mesure d'explorer la quasi-totalité des fonds océaniques. Doté de bras articulés capables de faire des nœuds et de saisir des pièces, il est en outre armé d'un outillage mécanique qui comprend une épuisette, un croc, des ventouses, et il peut s'aider dans ses opérations de repêchage d'un petit radeau ainsi que, pour les investigations

« chirurgicales », d'un petit engin télécommandé par le pilote du
sous-marin.

Cette merveille de la technologie qui sera l'honneur et l'ornement
de la mission estivale de l'Ifremer répond au doux nom de *Nautile*.
Les deux fleurons de la technique maritime du début du siècle et du
temps présent doivent ainsi leur appellation au *mythe :* à l'ancienne
mythologie hellénique pour ce qui concerne le *Titanic*, à l'épopée
romanesque moderne pour ce qui a trait à l'engin d'exploration de
l'Ifremer. Ainsi se noue un émouvant dialogue imaginaire entre ces
deux monstres sacrés, donnant lieu à ce spectacle étonnant : une
paire de bras électroniques tâtant la cuirasse du monstre couché,
des lumières verdâtres fouillant ses entrailles, une capsule bardée de
pattes et de pinces artificielles se glissant précautionneusement entre
ses réseaux métalliques et fouinant dans cet amas. La technique la
plus avancée est nécessaire non seulement pour descendre jusqu'au
lieu où gît l'épave, mais aussi pour explorer ce reliquat incomparable
de la technologie la plus révolutionnaire du début du siècle. Ainsi
se tutoient deux âges, deux états cristallisés de la technique, ainsi se
télescopent deux étapes successives de l'industrie des hommes.

On ne sache point cependant que le capitaine Nemo ait jamais,
et pour cause, exploré l'épave du *Titanic* depuis la « barre » du
Nautile, ni qu'il se soit incliné devant la dépouille virtuelle de son
infortuné confrère, le capitaine Smith, loup des mers terrassé par
un mauvais coup du sort… Pas davantage que ne s'est accompli
le rêve prométhéen que Jules Verne prête à l'homme : se rendre
propriétaire du monde. Le commandant du *Titanic,* manière d'*alter
ego* « en surface » du capitaine Nemo, incarne *in fine,* à son corps
défendant, la défaite du fantasme de la domestication des éléments
marins. Le rêve a vécu ; pourtant il était ancien comme le monde.
Hérodote ne raconte-t-il pas que Xerxès, le tempétueux roi des
Perses, fit battre la mer comme plâtre après qu'une affreuse tempête
était venue rompre les ponts qu'il avait fait construire ?

« Xerxès, raconte l'historien grec, ordonna, furieux, de frapper l'Hellespont de trois cents coups de fouets et de jeter dans la mer une paire d'entraves. Même, j'ai entendu dire qu'avec les exécuteurs de ces ordres il aurait envoyé encore des gens pour marquer au fer l'Hellespont. »

Châtiment insensé mais que toute âme d'enfant voudrait infliger à cet élément rétif. Commander à la mer est un rêve surhumain, c'est pourquoi les hommes l'ont de tout temps caressé. C'est par excellence le songe de la volonté de puissance absolue, le rêve de l'autorité pure bien au-delà du pouvoir effectif. Victor Hugo, sorte de Titan océanique, peindra ainsi l'un des personnages des *Travailleurs de la mer* :

> « Jamais un gros temps ne l'avait fait reculer ; cela tenait à ce qu'il était peu accessible à la contradiction. Il ne la tolérait pas plus de l'océan que d'un autre. Il entendait être obéi ; tant pis pour la mer si elle résistait, il fallait qu'elle en prît son parti. »

Bachelard, visiblement fasciné par ces lignes, commente :

> « L'homme est tout d'une pièce. Il a la même volonté contre tout adversaire. Toute résistance réveille le même vouloir. Dans le règne de la volonté, il n'y a pas de distinction à faire entre les choses et les hommes. L'image de la mer qui se retire vexée de la résistance d'un seul homme ne soulève aucune critique du lecteur. »

Jolie foi dans notre crédulité ! Mais c'était sans compter avec l'improbable ironie du sort qui, aux passagers du *Titanic,* n'offrit en guise de « redoutable adversaire » qu'une mer absolument calme, splendidement indifférente au spectacle affreux qui se jouait sur son théâtre nocturne.

Chapitre V

POÉTIQUE DU *TITANIC*

Les Anciens croyaient que le monde se composait de quatre éléments et que toutes les modifications de notre univers, les formes vivantes et toute la matière dans son inépuisable variété, suivaient des combinaisons différentes de ces quatre éléments archétypaux qu'étaient l'air, le feu, l'eau et la terre.

Ces premiers physiciens n'avaient assurément pas le pied marin. Il ne fût sans doute jamais venu à l'esprit d'un homme né sur un bateau de haute mer et y ayant passé tous ses jours de forger semblable théorie. L'univers marin souffre en effet de l'absence de l'élément terrestre. L'entité « bois » se serait alors peut-être substituée à cette première matière. Seules les ardentes lueurs de l'astre solaire y rappellent en outre l'élément du feu – sauf lorsque l'incendie se déclare à bord ou que tonne le canon. Alors la flamme de la guerre est ranimée. Écoutons Rousseau :

> « J'ai vu dans le vaste Océan, où il devrait être si doux à des hommes d'en rencontrer d'autres, deux grands vaisseaux se chercher, se trouver,

s'attaquer, se battre avec fureur, comme si cet espace immense eût été
trop petit pour chacun d'eux. Je les ai vus vomir l'un contre l'autre
le fer et les flammes. Dans un combat assez court, j'ai vu l'image
de l'enfer. »

Libre à qui le désire de discerner dans le naufrage du *Titanic*
l'image de l'enfer. Mais ce ne peut être pour les mêmes raisons.
Car l'homme n'y rencontre pas l'homme avec la volonté de le
réduire à ses volontés, voire de le détruire. Le feu des combats fait
ici totalement défaut. Succédant brutalement au paradis – quelques
instants avant le drame, l'empire du monde appartient au jeu, aux
plaisirs de l'estomac, à la volupté de la promenade sur les ponts –
l'enfer du *Titanic* (fidèle à la parole de saint Jean qui rapporte
qu'il « faisait nuit » lorsque Judas se retira de la table commune
pour aller trahir son maître, après avoir avalé la bouchée par où le
Malin entra en lui) se matérialise sous l'aspect d'une nuit d'encre,
sans lune. Mais, outre le feu, il se trouve un absent de marque au
nombre des éléments primitifs : tous les passagers ont noté avec
surprise l'absence totale de vent. Seule règne l'eau, une eau apai-
sée, presque lustrale et qui ne se soulèvera pas en grondant pour
engloutir le navire.

La catastrophe semble ainsi trouver sa source dans un environnement exclusif de toute logique de catastrophe. Tout conspire à
faire de cette soirée fatale une douce nuit de printemps sans menace.
Ceux qui arpentent les ponts dans leur promenade vespérale peuvent
être habités d'une langueur voluptueuse, malgré le froid vif.

Qui n'a fait l'expérience de ces indicibles rêveries qui nous
gagnent au spectacle de l'eau ? Qu'il s'agisse d'une eau croupissante,
celle d'un étang par exemple, d'une eau qui bondit en chantant,
celle des torrents de montagne, ou de l'eau infinie des océans,
invariablement l'élément liquide inspire d'heureux sentiments.
Le spectacle de la mer, si infiniment et si éternellement agréable,
donne, comme l'écrivait Baudelaire, « la plus haute idée de beauté

qui soit offerte à l'homme sur son habitacle transitoire ». Que l'on puisse rester des heures entières à regarder un pêcheur – alors qu'à suivre la traque d'un chasseur l'on est vite habité par l'ennui si l'on ne se met pas de la partie, un fusil à la main –, cela tient sans aucun doute en premier lieu à la qualité de l'eau. De même, la rêverie simple et pure devant l'eau dormante confère un puissant sentiment d'adhésion au monde. Dans le cours d'un de ses romans, *L'Enfant de volupté*, Gabriele D'Annunzio a livré une analyse de cette assez curieuse disposition qui semble nous mettre devant les yeux et l'esprit les correspondances intimes entre les vivants et le monde naturel. Rêver devant l'eau les yeux ouverts, c'est entrer en communication avec ce qui nous fait rêver, c'est croire que l'eau même se met à rêver. Sentiment fascinant, aussi vif que l'appel du vide pour ceux qui sont affligés de vertige, et par lequel peut s'expliquer l'appel de la mer que ressentit Ulysse dans la scène si fameuse de l'*Odyssée* où les marins le lient au mât du navire pour le laisser goûter sans danger au chant des sirènes.

D'Annunzio montre comment l'âme vient trouver le repos devant une eau limpide :

> « Entre mon âme et le paysage, il y avait une secrète correspondance, une affinité mystérieuse. Il semblait que l'image du bois dans l'eau des étangs fût vraiment l'image rêvée de la scène réelle [...]. *De quel lointain des âges nous venait cette heure-là !* »

Certes, il n'est pas question, dans le cas du *Titanic,* de réflexion de l'image d'une forêt dans l'eau stagnante d'un lac ou d'un étang. Mais, par la faveur du calme extraordinaire qui régnait alors, l'eau habituellement bouillonnante de l'Atlantique avait pour ainsi dire transmigré dans le réceptacle sans ride d'un étang débonnaire. Les éléments étaient absolument contenus, la fougue de la nature totalement bridée. Heure précieuse et rare où, au calme de la nature, répondent la tranquillité et la sérénité de l'âme.

Cette sourde complicité avec l'univers des choses, le poète Yvan Goll l'a fort bien décrite :

> « Je te regarde me regarder : ton œil
> Monte je ne sais d'où
> À la surface de mon visage
> Avec l'impertinent regard des lacs. »

La puissance créatrice de l'imagination aux prises avec les reflets du monde dans une eau limpide (comme il a pu se produire que les étoiles se soient reflétées en poudre cuivrée et tremblante dans l'eau de l'Atlantique) est si riche et si variée qu'il faudrait tout un livre pour en rendre compte de manière à peu près exhaustive. On se contentera de quelques annotations empruntées à ce grand analyste des rêveries qu'était Gaston Bachelard.

Dans *La Poétique de la rêverie,* Bachelard écrit que le monde – on parlera pour le *Titanic* de la voûte céleste – est beau deux fois lorsqu'il est ainsi vu dans le miroir de l'eau. Réflexion magique et apaisante. D'ailleurs, rien n'est beau comme de dire d'un miroir, qu'il soit d'eau ou de verre, qu'il *réfléchit* l'image d'un être ou d'un paysage.

> « De quel lointain des âges vient cette clarté d'âme élyséenne ? […]. Cette heure est un souvenir de la pureté perdue. Car l'eau qui "se souvient" se souvient de ces heures-là. Qui rêve devant une eau limpide rêve à des puretés premières. Du monde au rêveur, la rêverie des eaux connaît une communication de la pureté. Comme on voudrait recommencer sa vie, une vie qui serait la vie des premiers rêves ! Toute rêverie a un passé, un lointain passé et la rêverie des eaux a, pour certaines âmes, un privilège de simplicité. »

Le redoublement du ciel dans le miroir des eaux « douces » ou le redoublement presque imperceptible des étoiles dans le miroir des eaux océaniques une fois que le vent est tombé appellent la rêverie à de hautes leçons. Le rêveur en vient à se demander si ce ciel enfermé dans l'eau n'est pas l'image d'un ciel enfermé dans l'âme.

L'eau recèle une puissance extrême d'intégration onirique. Bachelard écrit qu'à l'instar des rêveries devant le feu de l'âtre qui se peut contempler de longues heures dans un plaisir inentamé,

> « les rêveries devant une eau dormante nous apportent, elles aussi, un grand repos d'âme. Plus doucement, et par conséquent plus sûrement que les rêveries devant les flammes trop vivantes, elles abandonnent, ces rêveries de l'eau, les fantaisies désordonnées de l'imagination. Elles simplifient le rêveur. Avec quelle facilité ces rêveries deviennent intemporelles ! Comme elles lient aisément le spectacle et le souvenir ! Le spectacle ou le souvenir ? Faut-il vraiment voir l'eau tranquille, la voir *actuellement* ? Pour un rêveur de mots, les mots : *eau dormante* ont une douceur hypnotique. En rêvant un peu, on en vient à savoir que *toute tranquillité est eau dormante*. Il y a une eau dormante au fond de toute mémoire. Et dans l'univers, l'eau dormante est une masse de tranquillité, une masse d'immobilité. Dans l'eau dormante, le monde se repose. Dans l'eau dormante, le rêveur *adhère* au repos du monde. »

Et il ajoute :

> « Le lac, l'étang sont là. Ils ont un privilège de présence. Le rêveur peu à peu est dans cette présence. En cette présence, le moi du rêveur ne connaît plus d'opposition. Il n'y a plus rien *contre* lui. L'univers a perdu toutes les fonctions du *contre*. L'âme est partout chez elle dans un univers qui repose sur l'étang. L'eau dormante intègre toute chose, l'univers et son rêveur. »

Paroles qu'en d'autres temps l'on jugerait prémonitoires ! Cinq minutes, trois minutes, quelques poussières de secondes avant le drame, l'océan fait figure d'étang maté qui dispose à la rêverie. À la faveur d'une heureuse conjonction des données climatiques et grâce au pouvoir de la technique, l'univers, comme dit si justement Bachelard, « a perdu toutes les fonctions du *contre* ». Mais c'est le lieu d'appliquer l'adage selon lequel il faut se méfier de l'eau qui dort. Et comme dans les mauvais films d'horreur où c'est invariablement dans les moments de plus grande détente que les crimes se nouent et que les coups s'apprêtent à pleuvoir, sur le *Titanic* où s'attardent les derniers promeneurs règne le calme qui précède cruellement la tempête. L'eau dormante éveille tout naturellement l'imagination du rêveur, qui entre dans le règne du jeu cosmique en revivant le dynamisme d'une origine en lui et hors de lui. Et puis tout bascule ; au concert extatique de la rêverie succède le cortège des pensées affolées, voire l'absence de toute pensée. N'est-on pas passé brusquement, comme l'on dit dans les romans médiocres, « du rêve au cauchemar » ? Dans l'action même, la rêverie n'est plus, elle a perdu tout droit de cité.

Le philosophe Alain, dont nous aurons à reparler, a bien dépeint dans un de ses *Propos* (d'ailleurs cité par Philippe Masson qui ne l'en juge pas moins très défavorablement, on ignore pourquoi) l'extraordinaire restriction du champ psychique qui se manifeste dans l'instant du drame :

> « La réflexion manque ; les impressions changent en même temps que le spectacle ; et, pour mieux dire, il n'y a point de spectacle mais seulement des perceptions inattendues, non interprétées mais liées, et surtout des actions qui submergent les pensées ; un naufrage des pensées à chaque instant ; chaque image apparaît et meurt. L'événement a tué le drame. Ceux qui sont morts n'ont rien senti. »

Bref, le moment de grâce où l'univers avait perdu « toutes les fonctions du *contre* » a été de courte durée et s'est révélé d'autant plus pernicieux.

Mais, à côté de la légumineuse angoisse de certains, de la stupeur résignée (et qui ne manque pas d'une certaine noblesse) de la majorité des futures victimes, rien n'interdit d'imaginer *en rêve* que quelques âmes particulièrement bien trempées (c'est le cas de le dire) aient poursuivi une étrange rêverie jusqu'au dernier moment. Dans *L'Eau et les rêves,* Bachelard a montré d'heureuse façon que le poète anglais Swinburne s'était imposé comme l'un des meilleurs peintres de l'eau. Swinburne appartenait à l'eau. Dans sa reconnaissance à la mer qui anime l'un de ses poèmes, *A Ballad at Parting,* il se pose organiquement en fils de la mer :

> *« Me the sea my nursing-mother, me the Channel green and hoar,*
> *Holds at heart more fast than all things ;*
> *Bares for me the goodlier breast, lifts for me the lordlier love-song… »*

> (« À la mer ma mère nourricière, à la verte et écumeuse Manche,
> Est attaché mon cœur plus fermement qu'à rien d'autre au monde ;
> Elle me présente la plus généreuse poitrine, entonne pour moi le plus
> majestueux des chants d'amour… »)

Dans ces vers retentit ce qu'on peut appeler avec Bachelard *l'appel de l'élément.* Tout le pittoresque bariolé de la nature, des bois et des champs, s'efface devant ce retentissement originel. L'appel de l'eau réclame un don total, intime et voluptueusement sacrificiel. Dans une lettre adressée à D. G. Rossetti, Swinburne écrit : « Je n'ai jamais pu être sur l'eau sans souhaiter être dans l'eau ». Passager du *Titanic,* ses vœux eussent été comblés au-delà de toute attente ! Voir l'eau, n'est-ce point se voir à l'eau, se vouloir dans l'eau, succomber à l'invitation active des flots de manière aussi enchanteresse et irrésistible qu'Ulysse lié à son mât ? Swinburne affirmait du reste que, de sa vie, il n'avait eu peur de la mer. Rien n'était plus excitant et revigorant à ses yeux qu'un saut dans la mer. Ses premières et plus fortes joies, il avouait les avoir ressenties lorsque, enfant, il était lancé en l'air comme une pierre de fronde par les mains paternelles et disparaissait, tête la première, dans les vagues avançantes. C'était là comme le Walhalla du nageur, le paradis du héros de l'écume et des embruns. En cela, Swinburne était bien proche de Chateaubriand qui, quoique ne se plongeant guère dans l'océan, avait pour lui l'amour des Bretons et s'est écrié en certain endroit des *Mémoires d'outre-tombe* : « Salut, ô mer, mon berceau et mon image », « ma nourrice, ma confidente forte, belle, douce, grande et mystérieuse ». Il était plus proche encore de Byron, avec qui il partage le titre distingué de poète nageur.

Byron traverse l'Italie à la nage ; à Ravenne ou à Venise, sa chambre, c'est la lagune ; dans la cité des Doges, il se jette tout habillé après le dîner dans le grand canal ; craignant d'être heurté par quelque gondolier qui ne le distinguerait pas dans l'obscurité, il fend l'eau la main gauche armée d'une lanterne allumée – Diogène aquatique ! Paul Morand note ce détail avec admiration dans *Bains de mer*. Et puis s'impose cette image de l'excentrique anglais, tableau saisissant que chacun a en mémoire : s'étant écarté jusqu'à plusieurs milles du rivage, absolument et orgueilleusement seul au monde, Byron se restaure dans l'eau avant d'y savourer un gros cigare. Il faut bien dire que dans une eau glacée peuplée non de piliers de gondole mais de glaces dérivantes, Lord Byron eût sans doute filé un peu plus doux et se fût gardé de ces fantaisies un peu vaines de grand seigneur insolent.

En tout cas, tous ceux qui n'ont pas pris place sur les canots du *Titanic* vont devoir quitter la surface pour plonger dans l'eau. De très nombreux passagers vont donc affronter l'élément glacé, mais avec un plaisir qu'on imagine un peu moins vif que celui que Swinburne éprouva toute sa vie à disparaître sous la vague. Philippe Masson rapporte, justement ébahi, le stupéfiant salut d'un membre de l'équipage totalement ivre au moment du drame et qui, s'étant armé du plus grand courage grâce à la dive bouteille, se jeta crânement à la mer, nagea longtemps, fut hissé sur un canot, se sauva contre toutes les lois de la physiologie, passa enfin une nuit tumultueuse sans doute mais dont il dut garder un souvenir trop brouillé pour qu'il en fût tourmenté plus avant. On ne saurait même pas garantir que le contact avec l'eau l'ait efficacement dégrisé. *In vino potestas…*

Mais en dehors de cette plaisante anecdote, les sauts à la mer revêtirent les formes les plus désordonnées. Le boulanger de nuit, dès qu'il fut libéré de son devoir par le capitaine Smith, plongea instinctivement par-dessus bord. Des années après – Walter Lord mentionne ce point dans son livre –, il frissonnait encore au souvenir de cette aventureuse chute. Des corps s'élancèrent en nombre du bastingage, les moins habiles ou les moins chanceux se virent happés par l'eau ; de nombreuses chutes furent mortelles. Bref, il s'agissait sans discussion d'un des plus éloquents « sauts dans l'inconnu » que le monde ait jamais vus.

Plus que tout autre événement physique, le saut dans la mer ravive, surtout quand il atteint à un tel degré de dangerosité, les échos d'une initiation hostile. Bachelard écrit qu'un tel saut constitue « la seule image exacte, la seule image qu'on peut vivre, du saut dans l'inconnu ». On veut bien le croire ! Le saut dans l'inconnu est un saut dans l'eau. Aussi l'expression « se jeter à l'eau » est-elle des mieux trouvées. Le premier saut du nageur novice, la première immersion sans bouée, a toujours quelque chose de violemment inaugural. C'est une expérience absolument première à laquelle ne se laisse comparer que celle du saut dans le vide qu'effectuent le parachutiste pour son premier vol ou l'adepte du saut à l'élastique dans son premier piqué (lequel, à cause des désagréments de l'estomac qu'il engendre parfois, est souvent aussi le dernier !).

Le problème est venu de la nature fort peu volontaire du saut dans l'inconnu qu'effectuèrent les malheureux passagers du géant des mers. Il est vrai que l'eau froide, quand on en triomphe courageusement, donne une sensation de chaude circulation et un indescriptible sentiment d'orgueil animal. Encore convient-il d'en triompher. Swinburne chantait « le goût de la mer, le baiser amer et frais des flots » où s'éprouve, en même temps que la volonté de puissance, le jeu de la musculature et la force de l'épiderme, comme lacéré de mille poignards. L'exaltation des eaux violentes lui faisait dire – c'est à la vague qu'il s'adresse – : « Mes lèvres fêteront l'écume de tes lèvres… Tes doux et âpres baisers sont forts comme le vin, tes larges embrassements aigus comme la douleur. » Et de saluer la « flagellation de la houle » et le « fouet de la mer ». Mais il est des limites au-delà desquelles on ne tente plus le diable. Tout comme Byron écrivant avec crânerie dans *Les Deux Foscari* :

> « Que de fois, d'un bras robuste, j'ai fendu ces flots, en opposant à leur résistance un sein audacieux. D'un geste rapide, je rejetais en arrière ma chevelure humide. J'écartais l'écume avec dédain… »,

c'est seulement parce qu'il a affaire à une mer clémente que Swinburne peut appeler le combat avec l'élément liquide et s'en croire le maître. Tout le monde peut provoquer un tigre qui dort. Mais qu'il vienne à se réveiller… Swinburne et Byron, pour leur chance, n'avaient pas pris place sur le *Titanic*.

Chapitre VI

TRAGIC ATLANTIC ! 13 – 1

Dans un récit policier qui a pour titre *12 + 1,* Leonardo Sciascia raconte qu'il arriva à Gabriele D'Annunzio, soit par superstition personnelle, soit par une sorte de délicat hommage rendu à la superstition supposée de son destinataire, de refuser de dater proprement certains ouvrages dédicacés en 1913 : au lieu d'y préciser l'année arithmétique, il écrivait : *1912 + 1.* Vieille manie que cette appréhension du chiffre 13, qui se retrouve jusque dans la distribution des chambres d'hôtel ou dans la numérotation de certaines rues où l'impasse est faite sur le chiffre 13, duquel on ne peut d'ailleurs dire avec certitude s'il porte uniformément la poisse ou s'il s'y mêle certaines vertus ambivalentes mais dans le fond bienfaisantes : ainsi voit-on que les plus copieuses cagnottes du Loto français sont proposées le plus souvent les vendredis 13.

Aussi, s'ils faisaient fond sur ces inclinations ancestrales et ajoutaient foi à ces croyances indéracinables, les contemporains pouvaient-ils logiquement aborder l'année 1912 en toute sérénité.

1913 se révélera pourtant comme l'une des plus tranquilles de la Belle Époque. On ne parle pas de 1914 qui, outre le drame paneuropéen qui l'entaille si profondément, est extrêmement riche en tragédies individuelles et en assassinats de personnalités : le directeur du *Figaro* frappé à mort par le pistolet de l'ombrageuse madame Caillaux, l'archiduc François-Ferdinand tombant sous les balles d'un anarchiste serbe, Jaurès abattu par un extrémiste dans un café parisien, etc.

Mais sous ce rapport tragique, 1912 ne fait nullement pâle figure. Étonnant pendant « sudiste » du naufrage du *Titanic* survenu dans les frimas du grand Nord, s'impose la tragédie de l'expédition Scott au pôle Sud, dont la triste fin est relatée dans le poignant journal de Scott lui-même, retrouvé plus tard à côté des cadavres. Arrêtée par les glaces de l'Antarctique, la mission Scott échoue pour des raisons climatiques voisines de celles qui sont à l'origine du naufrage du *Titanic*. Du moins y décèle-t-on, à côté d'une semblable euphorie initiale et d'erreurs psychologiques de « pilotage » assez comparables, un élément commun : le rôle de la glace, rehaussé par une irritante malchance.

D'Annunzio ne lisait sans doute guère les journaux ou ne s'intéressait pas aux nouvelles qui dépassaient le champ des terres irrédentes et du foyer de Fiume, où il s'illustrera après la Première Guerre mondiale dans la plus irrésistible des pantalonnades. 1912 prodigue en effet sous ce rapport tous les ingrédients d'une année tragique. Le désastre du *Titanic* est par lui-même une éminente illustration de cette « charge tragique ».

L'ordre de la tragédie, c'est d'abord le règne de la surprise, de l'inattendu, et pour tout dire de l'inexplicable. Or les nouveaux horizons que dévoile la science depuis le milieu du XIXe siècle paraissent purs de toute scorie tragique. Le ciel s'est depuis longtemps vidé de ses dieux païens, la nature s'est délivrée de ses plus épais mystères et de ses caprices climatiques ou telluriques que l'on n'attribue plus à l'action jalouse ou irritée de quelque agent supramondain, le christianisme s'est dépris de ses formes tragiques depuis que son martyrologe s'est à peu près refermé et que les missions d'évangélisation ont revêtu des formes un peu plus sûres. Le progrès scientifique aplanit les problèmes matériels – on ne s'imagine pas encore qu'il en fait naître bien d'autres – et semble signifier son congé aux figures tragiques de l'existence.

Écoutons par exemple Macaulay formulant, quelques décennies après Condorcet, apôtre du dieu Progrès, l'éloge des nouvelles promesses de la science dans l'*Essai sur Bacon* (1837) :

> « [La science] a allongé la vie ; elle a adouci la souffrance ; elle a vaincu les maladies ; elle a augmenté la fertilité du sol ; *elle a apporté une nouvelle sécurité au marin* [c'est nous qui soulignons] ; elle a donné de nouvelles armes au guerrier ; elle a jeté sur les rives des immenses fleuves et des estuaires, des ponts de forme inconnue à nos pères ; elle a mené sans dommage l'éclair du firmament à la terre ; elle a illuminé la nuit de la splendeur du jour ; elle a étendu la portée de l'œil humain ; elle a multiplié la puissance du muscle ; elle a accéléré le mouvement ; elle a anéanti la distance ; elle a facilité les rapports, la correspondance, les soins amicaux, la conduite des affaires ; elle a permis à l'homme de sonder les profondeurs de l'océan, de s'élever dans l'air, de pénétrer sans danger dans les cavernes empoisonnées de la terre, de traverser le monde dans des voitures emportées sans chevaux, *de franchir les océans dans des bateaux qui filent dix nœuds à l'heure contre le vent...* »

Qu'est-ce donc que cette si bonne mère ? C'est la Science, qui prodigue aux hommes toujours plus de bienfaits et de richesses en vertu de la miraculeuse loi du progrès qui la régit. Pour preuve de cet extraordinaire développement du mouvement scientifique : autour des années 1830, Macaulay note avec une admiration un peu suffisante la vitesse déjà prodigieuse des bateaux (en l'exagérant quelque peu, puisque le *Britannia*, qui détiendra en 1840 le record de la traversée de l'Atlantique, ne file que huit nœuds et demi...) ; mais, vers 1905-1910, la vitesse des navires les plus « compétitifs » excède déjà vingt-cinq nœuds.

À ces substantielles performances dont il est incontestablement l'une des meilleures incarnations, le *Titanic* associe de très fortes compétences humaines. Si c'est à la qualité de ses outils qu'on apprécie le bon ouvrier, c'est aussi à la classe et aux vertus professionnelles de l'équipage que se mesure la qualité d'un navire. Or tous les observateurs s'accordent à reconnaître les hautes compétences de celui du *Titanic*. Son commandant, le capitaine Smith, est un marin extrêmement chevronné qui peut se targuer d'états de service à peu près inégalés. Cet homme à la barbe fleurie qui affiche une mine souveraine de vieux loup de mer a acquis son brevet de commandant à l'âge de vingt-cinq ans. Fidèle serviteur de la White Star, il a commandé près de vingt navires jusqu'au *Titanic*, dont le voyage inaugural doit marquer la fin de sa carrière. Il est en effet prévu qu'une fois le navire revenu à Southampton, Smith se retirera dans un cottage de la campagne anglaise, pour y finir ses jours dans la verdure des prairies et dans les vapeurs des tasses de thé.

Le capitaine Smith n'est certes pas une tête brûlée. Ce patriarche de l'Atlantique s'est entouré pour son ultime traversée d'une équipe d'excellence. Les officiers de pont, tous dotés d'une solide expérience, ont été sélectionnés avec la dernière rigueur. D'autre part, il est attesté qu'aucune imprudence majeure de navigation ne sera commise avant l'accident. Au moment du drame, le navire suit une route parfaitement conforme à toutes les règles de sécurité. Il est même établi que le *Titanic* naviguait à dix milles *au sud* de la route fixée par la convention maritime internationale de 1898 pour éviter les icebergs entre le 15 janvier et le 14 août.

Et puis, comme il a déjà été dit, l'accident tient à des causes exceptionnelles, dans la mesure où la rencontre de glaces constitue un phénomène fort peu fréquent dans l'Atlantique Nord. On apprend d'ailleurs avec quelque surprise que les compagnies d'assurance avaient estimé à *un sur un million* (!) le risque pour un paquebot de heurter un iceberg entre la côte anglaise et New York. Bref, les administrateurs de la White Star avaient incontestablement mis toutes les chances de leur côté… Mais sans imaginer l'inconcevable, sans prendre en considération ce facteur impondérable qu'était l'étonnante concentration d'icebergs sous cette latitude.

Semblable déveine offre donc matière à penser que le *Titanic* a été la victime d'une véritable tragédie, dans le sens le plus fort du terme. Que le sort du navire et de ses occupants ait finalement été suspendu à cette incroyable anomalie climatique laisse quelque peu rêveur. Il est naturellement facile de méditer par là sur la fragilité des créations humaines et sur la vulnérabilité de l'homme même. Mais cette aventure nous invite d'abord à réfléchir sur le genre tragique.

Un tel désastre constitue à l'évidence un merveilleux laboratoire d'étude tragique. La tragédie, c'est le théâtre même de la culpabilité sans faute. Il y faut l'intervention de forces supérieures : tel sera chez les Grecs le rôle dévolu aux dieux qui, par exemple, s'ingénient tout au long de l'*Iliade* à entretenir la flamme des combats entre les parties en lutte. Il y faut le concours d'une destinée implacable. Il y faut enfin un subtil mélange d'horreur, de scandale et de consentement résigné devant l'accomplissement de ces décrets irrésistibles. Par cela même, la tragédie replace l'humain en face du mal injustifié, ou du moins incompréhensible : les bonheurs naissants écrasés, la liberté niée, la violence triomphant par les moyens mêmes qui devraient l'arrêter. Depuis Homère ou Euripide, c'est évidemment la ruine de la fine fleur de la jeunesse, c'est l'annihilation des meilleurs, c'est l'infortune des privilégiés, l'affliction et l'opprobre qui frappent les princes du monde qui sont le sujet propre de l'art tragique. Rien n'émeut comme ce renversement de toutes choses et comme cette fracassante chute des grandeurs d'établissement.

Le poète Lucrèce, dans son *De natura rerum,* a évoqué le plaisir pervers ressenti devant le spectacle du marin aux prises avec les éléments :

« Il est doux, quand la vaste mer est soulevée par les vents, d'assister du rivage à la détresse d'autrui ; non qu'on trouve un si grand plaisir à regarder souffrir ; mais on se plaît à voir quels maux vous épargnent. »

Dans le cas qui nous occupe s'y ajoute un sentiment de satisfaction légèrement sadique à voir engloutie une telle richesse, à constater l'impuissance des Grands de la Terre. N'est-il pas agréable aux petits que les Grands, les riches et les favoris du sort soient ainsi – enfin ! – frappés au cœur de leur réussite, comme si se dévoilait dans le mécanisme cruel du naufrage quelque arrêt d'une justice supérieure, d'une justice qui, de toute éternité, voue également tous les hommes au travail, à la maladie et à la mort, et rétablit ainsi entre eux une certaine équité, au mépris des discriminations sociales et de l'inégal partage des biens et du bonheur ? Hécube, jadis reine des reines, souveraine des Troyens enviée de tous, traîne maintenant sa triste carcasse, réduite à l'esclavage et aux misères communes. Les magnats du *Titanic* périssent presque sans gloire et sans emporter « leurs biens au paradis », comme l'enseigne le dicton. Aussi peut-on raisonnablement penser qu'Eschyle ou Sophocle auraient su exploiter ce drame à bon escient.

Le monde moderne n'est certes pas pauvre en spectacles tragiques. Que dire par exemple de l'assassinat de John Kennedy ? La puissance, la beauté, la richesse fauchées dans une rue de Dallas offrent la matière d'une émouvante tragédie. Dans un essai consacré au *Retour du tragique,* Jean-Marie Domenach a commenté de belle façon le meurtre de Dallas :

« Parce qu'un jour un homme qui était jeune, beau, heureux et chef du plus puissant État de la terre, s'affaisse ensanglanté dans les bras de sa femme, le mot vient spontanément sur le papier, sur les lèvres, sur les ondes : "c'est tragique" – et comme pour le confirmer, l'assassin présumé est à son tour assassiné. C'est tragique parce que John F. Kennedy ne devait pas mourir, et pourtant quelque chose nous disait qu'il était exposé à cette mort, précisément à cause de toute cette puissance et ce bonheur, presque surhumains, qui le distinguaient, le désignaient à la vengeance. C'est tragique parce que le sang appelle le sang, et que le meurtrier devait avoir cette mort hors de la justice légale dont le mécanisme semblait bien au-dessous de son crime […]. L'événement était imprévisible, et pourtant il était attendu. Cet attentat, l'opinion, spontanément, le situait hors des cadres, dans une zone exceptionnelle où il apparaissait presque normal. »

Ces mots s'appliquent assez bien à « l'assassinat » du *Titanic* par le fait conjoint d'une erreur de manœuvre et d'un stupide bloc de glace qui a fait office de bras armé du destin. L'événement, là aussi, était des moins prévisibles. Le plus beau des bateaux qui emportait à son bord les plus opulents des hommes n'en a pas moins été arrêté dans sa course aussi prématurément que le jeune président des États-Unis avant le terme légal de son mandat si prometteur. Pour l'opinion commune, ces drames ne sont pas le fait d'une volonté ou d'un hasard, ni même d'une quelconque imprudence, ils relèvent d'une nécessité supérieure à la conscience humaine.

Par là, on voit que le tragique met en scène une culpabilité en apparence sans causes précises, en même temps qu'une violente prédestination qui alimente tous les pressentiments dont les esprits « prophétiques » aiment à se repaître. On peut s'exonérer de cette culpabilité en la reportant sur les dieux, comme dans Homère, sur l'arbitraire de la société et de ses lois iniques, comme dans l'éternelle *Antigone* de Sophocle, ou encore sur la malignité de la Technique. Causalité mystérieuse, déterminisme injuste, aveuglement des hommes constituent par excellence les thèmes de prédilection de la tragédie ancienne ou moderne. Aussi peut-on penser qu'il existe une souche tragique commune dans l'incompréhensible culpabilité d'Œdipe et dans l'absurde naufrage du *Titanic*.

Certes, la vérité nue s'accommode en fait assez mal de ces références à une causalité extérieure à l'homme et qui le gouvernerait despotiquement. L'*Iliade,* poème de la force, est une longue déploration des interventions permanentes et d'ailleurs antagonistes des dieux sur le terrain des affrontements armés entre les Grecs et les Troyens. Mais quoi ! c'est à la nature guerrière de l'homme, aux dispositions perverses qui germent dans son âme – appétit de l'empire et de la destruction –, à son amour invariant pour les choses de la guerre qu'il conviendrait d'attribuer en toute justice la responsabilité des carnages et la perpétuation des combats. De même, si le recours à l'hypothèse d'une force insondable ou d'un enchantement empoisonné peut être tentant pour rendre compte de la fin du *Titanic,* la vraie explication de l'accident doit reposer sur des considérations de part en part rationnelles et scientifiques, et qui font bien valoir l'inanité de toute croyance dans la « malédiction » ou dans la « prédestination » : c'est bien à une faute caractérisée de navigation (confondue avec un excès d'optimisme) comme à une erreur de construction (l'acier du *Titanic* résistait mal aux basses températures) qu'a été dû le naufrage.

D'ailleurs, une étude technique parue dans *Scientific American* en juillet 1911 mettait en doute la capacité de résistance du nouveau géant des mers en cas de collision avec un iceberg ; il ne fut pas fait grand cas de cet avertissement, jusqu'au jour où l'on put constater qu'il n'était pas exactement sans fondement. Il est vrai que les conclusions pessimistes de ce papier étaient catégoriquement contredites par une autre étude parue dans une revue technique faisant autorité, *Shipbuilder,* qui avait consacré un numéro spécial au *Titanic* quelques mois avant son lancement. Il y était affirmé qu'en « manœuvrant un simple commutateur électrique, le capitaine peut instantanément fermer toutes les portes et *rendre le navire pratiquement insubmersible* ». Ce propos rassurant faisait d'ailleurs écho à une déclaration euphorique dudit capitaine six ans avant la mise à flots du *Titanic,* au moment où il prenait la barre de l'*Adriatic* : « Je ne peux imaginer aucune raison pour laquelle un tel navire pourrait couler, aucun accident assez grave pour l'envoyer par le fond ; *aujourd'hui, les bateaux sont au-dessus de ça.* »

On sait qu'à bord du *Titanic* les manœuvres d'évacuation avaient été à peu près négligées, que les canots de sauvetage étaient en nombre très réduit – comme du reste sur tous les navires de ce temps – et que les gilets de sauvetage eux-mêmes n'étaient jamais considérés qu'avec une mâle condescendance. Au moment du départ, un garçon de cabine s'était fait rabrouer par une passagère pour avoir osé placer une ceinture de sauvetage dans sa cabine. À quoi bon ces mesures de sécurité, puisqu'il était attesté que le navire ne pouvait couler ? En riant, l'homme avait répondu que c'était seulement « pour la forme » et avait juré ses grands dieux que son interlocutrice n'aurait jamais l'occasion de se servir de cette importune ceinture. Le mal de mer, en réalité, inspirait davantage d'appréhension que les écueils de la navigation. Mais pour ce qui ne relevait pas des défaillances de l'estomac ou de la fragilité de certains psychismes peu rompus aux traversées transatlantiques, on pouvait s'en remettre aveuglément aux surabondants bienfaits de la technique.

L'avenir immédiat allait singulièrement désavouer ces sentiments d'une si désolante fatuité. Mais, jusqu'au dernier moment, le « destin » fera montre de la plus grande malignité. Après le choc qui, en raison des bruits bizarres et des sifflements qu'il provoqua, ne laissa pas de surprendre certains passagers mais sans guère les inquiéter, tout sembla parfaitement normal – même après que les machines furent arrêtées. À part les huit fusées qui furent tirées du pont du *Titanic* à intervalle régulier et qui finirent quand même par alimenter une certaine perplexité, aucun signal technique n'indiqua aux passagers l'ampleur de la catastrophe : pas de sonnerie d'alarme, de sirènes stridentes, de lumières de détresse, etc. On se berça donc pour un temps de la plus trompeuse confiance. La guerre de Troie n'aura pas lieu. De même qu'il existe des *peurs paniques,* c'est-à-dire des peurs totales, sans cause, diffuses, qui se communiquent comme la peste, il y a des *confiances paniques,* elles-mêmes absolues, inébranlables, irréfléchies, d'une irraisonnée euphorie. Mais une fois que la guerre est déclarée, les garde-fous se révèlent d'une absolue inefficacité : compas, barre, table traçante, loch, appareils de détection acoustique d'obstacles immergés, tous ces fleurons de la technique laissent absolument sans défense.

Certains curieux se sont précipités sur les ponts malgré le froid très vif. Mais s'ils s'attendaient à y découvrir des choses sensationnelles, ils devront, très provisoirement, déchanter. Car il n'y a rien à signaler. Walter Lord écrit sur la foi des impressions des témoins rescapés :

> « Il n'y avait rien de bien spectaculaire à voir sur le pont ; rien de bien inquiétant non plus. Tous les curieux se retrouvèrent ensemble sans savoir trop quoi faire. Quelques-uns d'entre eux se penchèrent par-dessus le bastingage, sans trouver rien d'autre que la nuit noire. Le *Titanic* était absolument immobile et silencieux. Trois cheminées sur quatre envoyaient vers les étoiles un énorme jet de vapeur. Tout était tranquille. À l'arrière du pont des embarcations, un vieux couple se promenait en se donnant le bras, indifférent au bruit de la vapeur et aux petits groupes de passagers qui tournaient en rond. Il faisait si froid, et il y avait si peu à voir, que presque tous rentrèrent dans leurs cabines ».

Ce banal *tenebroso* titanesque ne jette donc dans l'heure aucun trouble dans l'esprit des occupants. Tout est si normal ! Dans la nuit de l'absolu technologique, tous les chats sont gris, et l'on tarde à décoder les signes du drame. Le naufrage est inimaginable, il ne se produira donc point. Tirésias, le divin devin de l'*Œdipe-roi* de Sophocle, n'a vraiment plus sa place dans ces orgueilleuses nefs de la technique, et Cassandre peut bien agiter ses irritantes et incompréhensibles prédictions, ce sera en vain.

> « – Depuis quelque temps, Troie en est pleine.
> – Pleine de quoi ?
> – De ces phrases qui affirment que le monde et la direction du monde appartiennent aux hommes en général, et aux Troyens ou Troyennes en particulier… » (Jean Giraudoux, *La guerre de Troie n'aura pas lieu*).

Il n'y aura pas de guerre. Et la belle Andromaque n'est-elle pas fondée à s'indigner :

> « Cassandre ! Comment peux-tu parler de guerre en un jour pareil ?
> Le bonheur tombe sur le monde ! »

Aux six messages que le *Titanic* avait reçus et qui l'avertissaient de la présence d'icebergs, fallait-il attacher la moindre importance ? Ces mises en garde eussent pu convenir aux coquilles de noix qui naviguaient peut-être dans les parages, mais Goliath, quant à lui, n'avait pas lieu de s'en laisser conter. Les opérateurs radio qui avaient capté les messages jugèrent donc inutile d'en informer le capitaine Smith. Le Commandeur des mers avaient d'autres chats à fouetter. *De minimis non curat praetor…*

Le philosophe Jean Baufret se plaisait à dire que « l'action tragique est l'histoire d'un retour à l'ordre que nécessite la violation de la limite ». L'affirmation convient fort bien à décrire l'espèce tragique du naufrage du *Titanic*. Car le retour à l'ordre, si l'on peut dire, suit incontestablement la violation d'une limite de la technique. Le navire a été poussé aux limites de ses possibilités, non tant en termes de vitesse, car il filait effectivement à une allure modérée, qu'en termes de capacités techniques et professionnelles (aptitude à affronter des températures très basses, à tracer son sillon entre les glaces et à faire front devant la banquise, capacités de réaction humaine devant un danger qui se présente de manière sinon inattendue, du moins extrêmement soudaine et brutale, etc.). Mais, contre ces faits attestés et ces responsabilités clairement assignables, les passions font tenir un tout autre langage. L'homme qui a construit des machines qu'il imagine invulnérables – mais qui n'en renferment pas moins, comme toute cuirasse, de secrets défauts – est conduit à l'idée d'un pouvoir occulte aussitôt que ses créations s'emballent et ne répondent plus à ses ordres. De là vient l'universelle fortune des croyances dans le mauvais sort, qui rendent tout un chacun fétichiste à ses heures et sujet aux inclinations magiques.

Reste que le naufrage du *Titanic* peut être appréhendé comme l'une des plus fortes expressions dogmatiques du désespoir, de nature proprement tragique. Il s'agit d'un désespoir qui jamais ne pousse à s'en prendre à l'homme – pas plus d'ailleurs qu'à Dieu. Après tout, les administrateurs et les ingénieurs de la White Star et les officiers de pont responsables de la manœuvre fatale sont réellement comptables de la catastrophe. Mais nulle révolte contre l'homme ne s'observe au moment du drame. Quelques esprits égarés eussent pu s'appliquer à tordre le cou du capitaine Smith en une sorte d'ultime mutinerie gouvernée par le courage du désespoir, ou à accabler d'injures, de sarcasmes et de coups les officiers de quart. Mais non. Il s'agit d'un désespoir du genre résigné, lié à un curieux mélange de lucidité et de perte de soi.

Grande tragédie dans la mesure où un incident d'abord mineur déclenche une catastrophe insoupçonnable. Voici un homme – Œdipe – perdu par un simple jeu de mots, ou une descendance vouée tout entière au malheur et au massacre par le crime d'un lointain aïeul. Débordement et surenchères de la fatalité. Logique curieuse qui veut que de petits accrocs aient de grandes conséquences et que certain hasard bénin entraîne une véhémente débâcle. William Faulkner n'avait pas manqué de relever « cette étrange absence de proportion entre la cause et l'effet, qui caractérise toujours le destin quand il est réduit à se servir d'êtres humains comme instruments, comme matériaux ».

Grande tragédie qui fait de l'homme une proie, une victime expiatoire d'on ne sait quel forfait collectif. Jean-Marie Domenach écrit :

> « Comme au temps des Grecs, l'homme est une proie. Non plus pour les dieux, mais pour une fatalité qui se crée à partir des choses et des autres, lesquels nous asservissent à mesure qu'augmente le besoin

que nous avons d'eux. Car tel est le paradoxe : *plus les produits de la technique recouvrent la terre, et moins l'homme y reconnaît son image, le témoignage de sa présence au monde.* »

Victor Hugo l'avait déjà dit dans *Les Voix intérieures :* le siècle est grand et fort, et l'homme voit son destin comme un fleuve élargi...

« Mais parmi ces progrès dont notre âge se vante,
Dans tout ce grand éclat d'un siècle éblouissant,
Une chose, ô Jésus, en secret m'épouvante :
C'est l'écho de ta voix qui va s'affaiblissant. »

Et Hugo, bien sûr, jugeait du XIXe siècle. Qu'on apprécie donc le suivant! Commander à la matière n'enseigne pas à se commander à soi-même ; et se reposer de ses devoirs sur le progrès matériel, c'est faire œuvre de paresseux. « Traversez en un clin d'œil les terres et les mers, mais dirigez les passions comme vous dirigez les aérostats! » clamera Delacroix dans son *Journal*. Se faire servir par l'aveugle matière et faire aller les machines, ce n'est pas se mettre à couvert de la tragédie. C'est, tout au contraire, la meilleure manière de la faire éclater et de s'y consumer.

Chapitre VII

LA MORALE DE L'HISTOIRE

C'est peut-être par l'observation raisonnée des actions héroïques du passé qu'on peut le plus efficacement inculquer aux jeunes pousses humaines les principes de la morale vivante : éthique de l'exemple qui invite à imiter ce qui s'est fait de plus grand et de plus noble dans le monde. La représentation des vertus et des sacrifices qui se sont manifestés à l'occasion de quelque retentissante catastrophe constitue par exemple un puissant stimulant pour la volonté de ceux qui aspirent à leur tour à se rendre exemplaires et admirables. « Qu'aurais-je fait dans les mêmes circonstances ? Et si des conditions semblables se présentent un jour à moi, comment me conduirais-je ? » Le spectacle de la grandeur d'âme déployée par autrui forme un excellent aiguillon pour l'acquisition des qualités morales, en ceci que l'imitation et la louable émulation sont de nature à faire entendre dans leur plus haute pureté les principes du devoir. Il s'agit en substance de faire porter l'étude sur des cas pratiques, sur de vivantes fresques humaines, sur un vécu spectaculaire ou particulièrement édifiant et où certains sentiments moraux se sont donnés à voir; toutes occasions susceptibles de faire comprendre la morale et de la faire aimer, et par là même de disposer le jeune sujet à se rendre moral à son tour.

Le philosophe Kant (qu'il est convenu d'appeler le « sévère Kant », comme l'on parle de l'« illustre Wolf », de la « belle Hélène » ou du « roi Pelé ») ne se fit pas faute de relever cette bienfaisante disposition mimétique contenue dans les jeunes âmes raisonnables. Tout adversaire qu'il fût d'une morale de simple imitation, il exaltait à la fin de sa *Critique de la raison pratique* « cette tendance qu'a la raison d'entrer avec plaisir dans l'examen le plus subtil des questions pratiques qu'on lui propose » et invitait les éducateurs de la jeunesse à fouiller « les biographies des temps anciens et modernes, afin d'avoir sous la main des exemples pour les devoirs qui y sont proposés et d'exercer, par ces exemples, surtout par la comparaison d'actions semblables faites dans des circonstances diverses, le jugement de leurs élèves, qui apprendraient à en discerner le plus ou moins d'importance morale ». Exercice où, affirmait-il, cette jeunesse non encore mûre pour l'aride spéculation devrait rapidement exceller, s'y trouvant intéressée au plus haut point sous le rapport moral, et éprouvant ainsi le plus grand agrément à sentir le progrès de son jugement dans l'examen de ces questions « casuistiques » (au sens premier et non péjoratif du terme). Bref, il insistait à sa façon sur l'enrichissement moral que procure la représentation des actions regardées comme moralement bien dotées.

Au titre de ces comportements dignes d'éloge, il comptait au premier chef le sacrifice de sa vie pour le salut de la *patrie,* considéré comme sublime à certains égards. Mais la *Critique de la raison pratique* n'est pas en reste sur la question des *naufrages,* où l'on peut être conduit à faire le sacrifice de sa personne pour le salut d'autrui – ou même à risquer sa vie dans l'intérêt de la science, comme le fit Alain Bombard, naufragé volontaire. Un peu chagrin, Kant affirme :

« L'action par laquelle un homme cherche, au grand péril de sa vie, à sauver des gens du naufrage et dans laquelle il finit par laisser sa vie, est rapportée sans doute d'un côté au devoir, et, d'un autre côté, considérée essentiellement comme méritoire, mais notre estime pour cette action est *considérablement diminuée* [souligné par nous] par le concept du *devoir envers soi-même,* qui semble ici être quelque peu compromis. »

Bref, la violation des devoirs qu'on se doit à soi-même – au premier rang desquels figure le devoir de se maintenir en vie – semble patente dans l'exemple cité, puisque le sacrifice de soi, quels qu'en soient les mobiles, contrevient par définition à un tel devoir. Certes, il y a quelque chose de très grand en une telle occurrence, dans la mesure où ce sacrifice librement consenti semble se présenter comme une suite de l'amour d'autrui revêtant la forme d'une bienveillance désintéressée ou d'une sorte de puissante philanthropie qui finit par nous faire préférer le sort de l'autre à notre propre bien. Mais comme ce comportement transgresse le premier des commandements de l'homme (qui force à s'aimer soi-même *au moins autant* qu'on aime les autres...), l'exemple de la victime volontaire dans un naufrage ne peut être recommandé sans nuances ni réserves. Aussi assiste-t-on à un subtil débat entre les devoirs, qui verse dans une espèce de cercle vicieux puisque – de deux choses l'une – se sacrifier, c'est porter atteinte aux devoirs dus à soi-même, tandis que prendre son parti de la disparition des autres, c'est contrevenir au devoir d'assistance et de bienveillance. Dans les conditions extrêmes où la survie de tous ne peut être assurée (et la catastrophe du *Titanic* fournit une merveilleuse illustration de ce cas de figure puisque, faute de canots en nombre suffisant, il fallut fatalement opérer des choix et des discriminations), la maxime du chacun pour soi peut retrouver une certaine légitimité. Reculant à hisser les victimes volontaires du naufrage au niveau de purs héros de la raison pratique, Kant montre une fois de plus que sa morale n'est nullement d'inspiration sacrificielle.

N'en déplaise au philosophe allemand, le naufrage du *Titanic* a donné d'insignes aliments au discours de l'édification morale. Le plus implacable des commandements de la nature pousse l'individu comme l'animal à persévérer dans son être. Vivre est un devoir, surtout quand l'existence nous est devenue à charge pour telle ou telle raison (par où l'on comprendra que le suicide est au plus haut point immoral). Mais renoncer à sa propre existence quand des raisons supérieures – individuelles ou collectives – nous y inclinent, voilà qui peut faire la matière d'une authentique grandeur morale.

Aussi ne serait-il peut-être pas superflu d'enseigner dans les écoles la grande et triste fin du *Titanic,* sujet d'étude peut-être aussi important, sous un certain rapport, que l'éducation civique, laquelle est, semble-t-il, de nouveau en vogue dans les ministères. Un autre philosophe, nous voulons parler d'Alain, a indirectement mais non moins catégoriquement contredit Kant à ce sujet. Oui, certains naufrages offrent réellement le spectacle de la morale en action.

Ébranlé comme tous ses contemporains par la catastrophe, Alain, qui livrait avant la Première Guerre mondiale des méditations presque quotidiennes à la *Dépêche de Rouen,* s'écria dans un « Propos » postérieur de dix jours seulement au drame (l'article est daté du 25 avril 1912) :

> « Je suis bien d'avis que l'on explique aux petits garçons la catastrophe du *Titanic,* et tout ce qui s'ensuivit. Notamment les beaux faits des télégraphistes, des musiciens, des équipages, de tous les hommes, enfin, qui domptèrent la peur. Car je crois qu'il est important d'enseigner la morale ; et je crois que les esprits libres, par un éloignement des dogmes religieux, en sont venus trop vite à mutiler la morale aussi, disant que la notion de devoir convient seulement à des esclaves, et définissant l'homme libre par le mépris des devoirs. Cette notion du devoir doit être restaurée dans sa pureté ; bien loin d'être contraire à la liberté du héros, au contraire elle la définit. »

Le mot est prononcé : en cédant leur place dans les canots, les victimes mâles du *Titanic* se sont comportées en héros. Ils furent indubitablement des héros. Pourquoi en convaincre les « petits garçons » ? Parce que c'est à eux que s'imposera à l'avenir un tel devoir de sacrifice s'ils se trouvent d'aventure « embarqués » dans une pareille situation. À charge pour ces jeunes esprits, donc, d'en prendre dès à présent « de la graine », comme on dit si bien. Dire qu'il est « important d'enseigner la morale », c'est parler par litote ou je ne m'y connais pas. Refuser de succomber à la peur, se montrer brave sans gloriole – car nul ne savait dans le moment du drame si aucun des passagers des canots en réchapperait, et par suite tous ces beaux exemples de sacrifice eussent parfaitement pu être ignorés à tout jamais –, se soustraire au gouvernement des « esprits animaux » qui nous disposent à n'écouter que la voix de la crainte, bref témoigner de la plus grande force morale dans le plus extrême danger, c'est là briser toutes les servitudes, régner sur soi, ne point abdiquer, bref être un homme.

On notera qu'Alain est revenu à plusieurs reprises sur ce drame dans lequel il ne laissa jamais de déceler la plus noble des conduites humaines, celle qui ne cède rien de sa dignité à l'empire de la peur ou au despotisme des petits intérêts. Au moment où le *Titanic* sombre dans les eaux, se donnent à voir la figure et le style du grand homme, qui se met au-dessus même du jugement et du regard des autres et qui se sacrifie sans ostentation et sans rien abdiquer de sa maîtrise de soi. Cela porte un nom : la vraie liberté.

« Qu'est-ce que la force morale ? demandait Alain dans ce même "Propos". C'est un ferme gouvernement de soi dans les dangers, dans les douleurs, dans les plaisirs, dans l'assaut des passions. » Quelques jours plus tard (le texte est daté du 3 mai), Alain revient sur le naufrage. Avec une belle lucidité, il le qualifie, déjà, d'événement *immortel*. Dès ce moment, l'on sait qu'il fera date dans l'histoire des hommes.

Il fera date dans la mesure où, comme on l'a déjà dit, il marque une retentissante faillite de l'empire de la technique. L'instrumentalisation du monde, la domestication des grands espaces avaient leurs bornes et leurs contrepoids. Naufrage, donc, d'une certaine idée de la civilisation et de ses promesses indéfinies.

Mais en aucune manière le naufrage du *Titanic* n'a ruiné l'image de l'homme même. L'*homo faber* y a essuyé l'une de ses plus humiliantes défaites. L'*homo sapiens,* l'homme raisonnable, y a en quelque sorte trouvé son compte et, si l'on ose dire, y a gagné quelques galons. L'empire de la technique s'est trouvé en butte à l'univers des choses. Mais l'esprit n'a pas cédé devant la « force des choses ». Contre tous ceux qui veulent nous faire accroire que les hommes sont fondamentalement vicieux et malins et que seule la poursuite de leurs petites affaires personnelles joue un rôle notable dans leur existence, Alain exalte l'Homme sur le point de mourir, mais l'Homme qui refuse de se laisser abattre et qui perd la vie avec un souverain panache :

> « L'enseignement moral repose sur le culte des héros. Autour de ce naufrage maintenant immortel, l'humanité s'est montrée avec son véritable visage. Chacun a admiré de tout son cœur, et a compris sa vraie destinée d'homme, sans révélation, sans lumière surnaturelle, sans ambiguïté, sans subtilité ».

Belles et vigoureuses paroles contre lesquelles le film de James Cameron (malgré tous ses mérites) s'inscrit stupidement en faux, préférant privilégier le spectacle de la panique sur celui, moins aguicheur mais plus instructif, du *self-control*. De l'aveu d'Alain, grand moraliste qui n'avait pas coutume de s'en laisser imposer par les apparences, c'est l'homme tel qu'il est qui s'est présenté en toute lumière au moment du drame. Les esprits retors voudraient nous en conter de belles sur cet être qui relève au moins autant de la bête que de l'ange.

« Vous allez voir ce que vous allez voir lorsque le voile sera levé et que les ressorts seront mis à nu : chacun pour soi, *fight for life* impitoyable, égoïsmes éternels, mépris de la faiblesse. »

Mais non, c'est l'Esprit qui a eu le dernier mot et la morale fut sauve...

C'est à l'examen des derniers moments des grands hommes que Voltaire voulait fixer son attention avant de se prononcer sur leur vraie stature. Étaient-ils partis en héros ou avaient-ils quitté la scène en pleutres ? Sans doute Voltaire eût-il salué la fin de Guggenheim, habité d'une noble crânerie et qui refusa d'enfiler la veste de sauvetage qu'on lui tendait, préférant passer son habit de soirée pour finir « en beauté », conformément à ce qu'on peut attendre d'un *gentleman.* Sans doute se fût-il incliné devant ces épouses de milliardaires, telle madame Strauss, qui déclinèrent « l'invitation » à bord des canots pour partager le sort de leurs maris. Les exemples d'héroïsme ne manquent pas, qu'il faut d'ailleurs mettre d'abord au crédit des Anglais et des Américains, lesquels, à en croire les récits des rescapés (et en tout premier lieu ceux des rescapés anglais ou américains...), firent preuve d'un exemplaire sens du sacrifice et d'un inébranlable *self-control.*

Certes, il y eut des comportements douteux, au nombre desquels l'attitude peu courageuse de Bruce Ismay (« Brute Ismay »), qui avait eu la mauvaise idée d'embarquer à Southampton, et qui lâchement sauta dans un canot – faiblesse morale qu'il devait payer jusqu'à la fin de ses jours. Quant à l'officier de bord Lightoller, il parla ignominieusement de ces « *wild beasts* », de ces bêtes sauvages (il voulait désigner par ces termes douteux les gens du Sud, Latins ou Levantins) qui, selon ses dires, se seraient lamentablement comportés au moment du drame. Indiscipline, nervosité, égoïsme implacable :

tels furent les griefs dont certains se plurent à accabler les pauvres
« Latins » qui n'avaient pas eu l'heur de naître Anglais et à qui,
par conséquent, la qualité d'homme ne pouvait être reconnue sans
réserve. Le « sel de la terre », autrement dit les Anglo-Saxons, avait
su s'imposer comme par une grâce spéciale en « fine fleur de la
mer » prête au sacrifice suprême... Propos injurieux que très peu
de données positives sont venues corroborer, et l'on devine sans
peine qu'à l'instar du bon sens, dont un homme bien né a dit qu'il
était la chose du monde la mieux partagée, nulle classe n'eut le
monopole des vertus de courage et d'abnégation.

En vérité, comme le pensait Alain, l'humanité s'est montrée
dans la catastrophe avec « son vrai visage », insensible à la voix
insinuante de la lâcheté. Aussi est-ce avec raison que le moraliste
enjoignait de faire connaître les détails du drame aux « jeunes
garçons ». Jean Guitton, qui était pour l'heure un « jeune garçon »,
rapporte dans *Portraits et circonstances,* paru en 1989 :

> « J'avais onze ans : le drame du *Titanic* m'apparut (et m'apparaît
> encore) comme un avertissement solennel à notre civilisation, à notre
> existence temporelle. »

Le constat est devenu classique. Mais on aimerait surtout
apprendre si, dans la classe du jeune Guitton, les péripéties du
Titanic firent l'objet d'une présentation par le maître ou alimentèrent
après les cours une quelconque discussion entre pupilles.

> « Je n'ai jamais cessé de penser au *Titanic*, ce navire symbolique à
> mes yeux de l'existence, de sa grande paix, de sa fragilité, de son
> soudain dernier moment. »

Il eût pu préciser : symbolique de la grandeur de l'homme dans
certaines circonstances où surgit l'heure de vérité.

D'une certaine façon, rien n'incline plus éloquemment que
le drame du *Titanic* à continuer d'espérer dans l'homme, que les

méchants disent être méchant, les égoïstes plié à ses seuls désirs, les vicieux pervers, les lâches couard, les pleutres faible et flexible dans ses passions. Les exemples historiques où l'homme a nui à l'homme ne manquent malheureusement pas. Livrés aux seules forces humaines, les hommes semblent trop souvent s'ingénier à se léser et à se détruire : l'homme est un loup pour l'homme. Mais qu'advienne un destin contraire fomenté par les éléments et par une fureur seulement naturelle (en l'occurrence, le baiser mortel de cette nuit étoilée et de ce maudit iceberg, ironique dans un paysage onirique), alors le sentiment de l'entraide reprend ses droits et une puissante solidarité unit les malheureux. Ainsi cet étrange animal peut tour à tour massacrer ses semblables et se porter à leur secours quand se présente une menace naturelle. Tantôt loup, tantôt agneau ou bon berger pour ses semblables. La plus grande vulnérabilité, la plus absolue faiblesse, à savoir celle des *petits enfants,* a remarquablement tiré son épingle du jeu. La force s'inclina devant la faiblesse comme elle se prosterna devant la figure de la grâce, devant les *femmes.*

Si tout s'était déroulé conformément aux « vœux » de la nature, les femmes et les enfants, c'est-à-dire les passagers les moins dotés en force, les plus vulnérables physiquement, auraient fait en priorité les frais du naufrage. Or les statistiques parlent d'elles-mêmes : ce sont les femmes et les enfants qui ont constitué l'écrasante majorité des rescapés. Dans une structure primitive ou animale, il en serait naturellement allé tout autrement. Mais la politesse, les civilités, le raffinement, les hommages dus aux femmes et le respect témoigné aux enfants, la morale tout simplement, restèrent jusqu'au bout gravés profondément dans l'âme des hommes.

Presque toutes les passagères de première classe furent épargnées. Quatre d'entre elles seulement disparurent dans le drame, mais il faut préciser qu'à l'instar de la femme du millionnaire Strauss, ce fut parce qu'elles avaient refusé de se séparer de leur mari. Ainsi dans l'Inde ancienne les épouses des princes défunts accompagnaient le cher trépassé sur le bûcher mortuaire. Certes, 46 % seulement des femmes adultes de la troisième classe furent sauvées – contre 86 % pour la seconde classe. Mais ces différences s'expliquent pour l'essentiel par le plan du navire et nullement – sauf exception très marginale – par une plus grande goujaterie des occupants des seconde et troisième classes ! Quant aux enfants, les chiffres les concernant sont encore plus éloquents. Si 13 garçons sur 48 et 14 fillettes sur 31 seulement furent épargnés pour la troisième classe, tous les enfants de la seconde classe le furent, et un seul enfant de la première classe disparut dans le drame. Par contraste, échappèrent à la mort 32 % des hommes de la première classe, 8 % de la seconde classe (!), 16 % de la troisième. Quant à l'équipage, il subit globalement un sort un peu plus clément, du moins pour ce qui concerne le service du pont et le personnel féminin (qui, sur un effectif de 23 femmes, n'en perdra que 3). Jamais le mot d'ordre « les femmes et les enfants d'abord » n'avait pris un tel relief...

L'exemplaire maîtrise de soi et l'effacement devant autrui dont firent preuve tant de passagers mâles trempés à l'acier (dont Guggenheim, pourtant roi du cuivre) constituent donc autant de motifs heureux, propres à nourrir la méditation morale et à se former une bonne opinion de l'homme. Cela donne aussi matière à s'interroger sur cette norme tacite – pas toujours respectée dans les catastrophes –, règle d'or de l'honneur, qui dispose que les femmes et les enfants sont absolument prioritaires. Répétons-le, cette prescription est une création de l'homme moral ou de l'homme social qui n'a pas de pendant vérifiable dans le monde animal ; sauf peut-être, si l'on en croit la légende et Alfred de Musset, dans la république des Pélicans.

On devine assez aisément la cause d'une telle disposition. Il convient que les aînés fassent droit aux jeunes générations, qu'ils s'effacent au profit des futurs adultes. Quant à la subordination du droit des hommes aux prérogatives de la condition féminine, elle s'explique pour partie par ceci que les femmes enfantent. Tout en se gardant énergiquement d'adhérer à l'indigne parole de saint Thomas d'Aquin (*tota mulier in utero*), il faut bien admettre que l'une des vocations de la femme est de devenir mère. Par le mot d'ordre « femmes et enfants d'abord », c'est le dépôt précieux du futur et le caractère sacré de la maternité qui sont ainsi, autant que possible, garantis contre les injures des circonstances.

Mais, après tout, cette règle n'est pas à l'abri de la critique dans la mesure où sa mise en œuvre conduit fatalement à multiplier les veuves et les orphelins ! D'ardentes féministes ne manquèrent d'ailleurs pas de le rappeler après le drame, contestant la validité d'une telle faveur témoignée au beau sexe. On parlerait aujourd'hui de « discrimination positive ». Et puis, sur le coup, il n'allait pas nécessairement de soi que la voie du salut consistât à embarquer dans les canots. Des témoins oculaires ont raconté que de nombreuses femmes refusèrent d'être hissées dans les chaloupes aussi longtemps que les hommes ne les y accompagneraient pas. Elles avaient peur d'abandonner l'intérieur du navire où régnait encore une certaine chaleur et de courir la mer sur ces frêles embarcations vers Dieu sait quel destin. Il leur fallait s'armer d'un authentique courage pour grimper dans ces petites coques de noix qui se balançaient en grinçant au-dessus de la mer. Les hommes n'étaient pas beaucoup plus rassurés. Un passager de première classe n'hésita pas à déclarer dans une interview accordée après le drame à la presse américaine : « J'avoue que le paquebot m'avait l'air bien plus sûr que toutes les embarcations de sauvetage du monde. »

On trouvera peut-être une explication satisfaisante et suffisante à cette règle consistant à accorder aux femmes une priorité absolue dans la pensée... du général de Gaulle. On sait que ce dernier usa sans réserve de son droit de grâce à l'égard des femmes. Dès 1944, une femme qui avait été condamnée à mort pour crimes de collaboration fut soustraite à la peine capitale grâce aux bons offices et à l'intervention personnelle du général, au grand scandale de Jules Jeanneney, lequel (à l'image de nos modernes féministes réclamant une totale identité de traitement entre hommes et femmes) arguait, pour justifier de la même rigueur dans l'exécution des sentences, de l'égalité en droits et en devoirs entre les sexes, et donc de leur pleine et entière égalité devant la loi pénale. Pour des fautes identiques, la sanction ne devait-elle pas être de même nature, d'une égale sévérité ? Pourquoi le rasoir de la guillotine pour l'homme et une peine adoucie pour la femme du seul fait qu'elle est femme ? Qu'importe, le général ne laissa jamais exécuter une dame, quelle que fût l'étendue des forfaits qu'elle avait perpétrés (et en 1944 l'imputation de collaboration et d'intelligence avec l'ennemi n'était pas un vain mot).

À Alain Peyrefitte, qui lui faisait part de son étonnement devant une telle position, dont il ne varia jamais, le général expliqua que les criminels agissent par esprit de calcul, mais que les femmes n'étant pas des calculatrices, seules la passion et l'impulsion sont causes de leurs crimes. Par suite, la dissuasion n'exerce aucune influence sur ces esprits qui ne préméditent point leurs forfaits. Syllogisme infaillible !

L'homme et la femme sont égaux, précise de Gaulle, mais non point pour autant semblables sous tout rapport. Tant s'en faut :

> « Il y a quelque chose de sacré dans la femme. Elle peut devenir mère. Une mère, c'est beaucoup plus qu'un individu. C'est une lignée. Il faut respecter dans la femme les enfants qu'elle peut avoir. »

Cette « théorie » sur laquelle reposait la mansuétude du général à l'endroit des *criminelles* procède sans doute de la même logique sur laquelle repose notre intangible maxime maritime qui porte que la femme doit absolument prendre le pas sur l'homme quand le navire fait eau. Pourtant, l'égalité ontologique qui les réunit devrait incliner à penser en l'occurrence que c'est le premier qui se présente aux canots qui sera le premier servi, attendu qu'il n'y a nulle supériorité avouée de l'un sur l'autre et que, égaux dans leur nature comme devant le malheur, la vie de madame Dupont n'a pas forcément davantage de prix que celle de monsieur Durand.

Mais intervient alors précisément le fait que quelque chose dans toute femme dépasse cette même femme. Une femme engendre, une femme porte en elle l'idée, la promesse d'une « lignée ». Par suite, sacrifier cette personne singulière revient à enrayer une mécanique génératrice, à couper sans retour le germe d'où naîtra, peut-être, un fécond arbre généalogique.

Mais, que l'on sache, il faut être deux pour engendrer, et l'exécution judiciaire ou la disparition d'un homme par voie de catastrophe n'est pas moins dommageable à la fortune de l'espèce. Ne faut-il pas respecter en tout homme – c'est-à-dire *aussi* en tout représentant du sexe mâle – les enfants qu'il peut engendrer ? Forte question qui pourrait soulever l'embarras mais qui ne prenait pas le général au dépourvu.

Voici comme il avait trouvé la parade. Savourons sa démonstration :

> « Ce n'est pas la même chose ! L'enfant n'engage pas l'homme autant qu'il engage la femme. Un spasme, et c'est fini. La femme, elle le porte en elle neuf mois. Parce qu'elle l'a porté, elle est celle qui peut le mieux le faire grandir. Et puis, il y aura toujours assez d'hommes [*sic*]. Une seule giclée suffirait à féconder des milliers de femmes [re-*sic*]. C'est sur les femmes que repose le destin de la nation. »

Allégation extraordinaire, quoique sans doute entachée de quelque sophisme et assez jésuitique dans la mesure où le général se contentait le plus souvent de commuer les peines en détention à perpétuité : et comme il n'était évidemment pas question que la condamnée entretînt un commerce charnel dans sa geôle, le profit pour l'espèce était perdu tout aussi bien que si on lui avait tranché le cou… Alain Peyrefitte, pourtant le plus déférent des gaullistes, juge cette position « extravagante », sans lui dénier pourtant une certaine apparence de solidité.

On pourrait de même suspecter d'extravagance la règle de
« primogéniture femelle » qui s'observe dans le sauvetage en mer.
Mais, de manière assez comparable, on voit que les égards dus
aux femmes et aux enfants se comprennent là aussi par un même
souci de protéger l'avenir et les générations futures. Dans l'ordre
où furent sauvés les naufragés du *Titanic,* la beauté du geste des
sacrifiés, l'intérêt de l'espèce humaine, la prospérité de la loi morale
sympathisaient donc au plus au point. Ceux qui prétendent que
l'homme est *satanique* ou que le danger *tétanise* ses dispositions
altruistes et chevaleresques mériteraient d'y regarder à deux fois
avant de répandre leurs sottes allégations.

Pour finir sur ce point, on peut rappeler que la langue anglaise
dispose sur la langue française d'une incontestable supériorité pour
marquer le primat du féminin à bord des bateaux. Car, comme on
sait, c'est le pronom personnel *she* (et non le neutre *it,* employé
pour désigner les choses) dont on use pour parler des bateaux, alors
qu'il est théoriquement réservé aux êtres humains ou qu'il s'étend
dans le meilleur des cas aux animaux familiers. *Why is a Ship called
She ?* D'innombrables Anglo-Saxons ont médité sur cette apparente
incongruité de leur langue. Qu'*un* navire, qu'*un* bateau, qu'*un*
vaisseau, qu'*un* paquebot soient galamment intégrés dans le genre
féminin dès qu'on franchit la Manche ou l'Atlantique Nord n'est pas
quelque chose d'indifférent. N'est-ce pas une manière non seulement
de rappeler le principe « *Ladies (and children) first* » qui, chez les
humains civilisés, préside aux règles d'évacuation au cours des
naufrages, mais aussi d'asseoir une espèce de primauté ontologique
de la féminité sur l'onde océanique ? Ce point n'avait sans doute pas
échappé à Rudyard Kipling. Dans un recueil de vers marins, *The
Seven Seas,* Kipling fit figurer un amusant poème au titre suggestif :
« *The Liner she's a Lady* », où l'on peut lire notamment :

> « *The Liner she's a Lady, an'she never looks no' 'eeds*
> *The Man-o'-War 'er 'usband, an' 'e gives 'er all she needs.* »

(« Le paquebot est une Dame, et jamais elle ne regarde ni ne
réclame
L'homme de guerre, son mari, qui lui offre tout ce dont elle a
besoin. »)

Par cela même qu'il est supérieur à la femme par sa force physique
et par son courage supposé, l'homme dans l'état de *civilisation* doit
renoncer aux prérogatives que ces avantages *naturels* lui confèrent
et s'effacer nettement devant plus faible que soi. L'homme de
guerre, le navire de guerre s'inclinent devant ces lignes gracieuses.
En confiant à la femme son dépôt le plus cher, c'est-à-dire la
conservation de l'espèce, la nature prévoyante inspira à l'homme la
crainte que l'humanité ne se conservât point et implanta ainsi dans
l'âme des membres du sexe fort des principes d'action déterminés
à l'approche du danger, normes que l'état de société sut codifier et
dont la transgression entraîne pour ceux qui s'en rendent coupables
le plus grand déshonneur.

Sur mer, l'égalité des sexes est donc rompue quand approche
le danger. Elle l'est au profit des représentantes du beau sexe. Qui
s'en plaindrait? Des petits malins pourraient faire observer que
depuis Pétrone au moins l'on sait que les veuves inconsolables
peuvent être consolées, plus aisément qu'on ne serait porté à le
penser à première vue. D'innombrables nouvelles de Maupassant
témoignent trop éloquemment de ce fait avéré; mais alors, problème
quand le mari marin pêcheur supposément disparu réapparaît…
Au moins, avec le *Titanic,* le risque du retour conjugal n'avait pas
lieu de se présenter…

Après l'épreuve vint pour les rescapés l'heure du repos, qu'on
put certes qualifier de réparateur. Mais une fois les blessures
pansées et le travail de deuil engagé, les survivants sont visités
par d'assez étonnants sentiments moraux. On pourrait penser que
le souvenir du drame a négativement bouleversé les consciences
et que nul n'est sorti indemne de ce cauchemar. Or, si « rien ne

sera plus comme avant », toutefois il semble qu'une singulière sérénité intérieure l'ait disputé à la mémoire douloureuse des circonstances.

Walter Lord apporte à la fin de son ouvrage cette précision remarquable :

> « Au cours de mon enquête, j'ai retrouvé soixante-trois survivants. La plupart ont accepté de m'aider dans ma tâche. Parmi eux, des pauvres et des riches, des passagers et des hommes d'équipage. Tous avaient deux qualités en commun. D'abord, ils donnaient une merveilleuse impression d'équilibre, comme si le fait d'avoir traversé cette épreuve leur avait facilité l'approche de tous les problèmes de l'existence. Leur vieillesse était empreinte d'une sorte d'élégance et de paix tranquilles. Ensuite, tous étaient remarquablement désintéressés. Après avoir été témoins des plus grands dévouements et des plus grands renoncements, ils semblaient avoir passé le reste de leur vie à chasser d'eux-mêmes toutes traces d'égoïsme. »

Cette importante constatation mérite d'être scrutée avec la plus grande attention. Il est assez clair qu'à travers le monde, un nombre inouï d'individus se signale dans l'art de gaspiller leurs jours, qu'ils subissent passivement plutôt qu'ils ne les vivent et qu'ils n'en jouissent. La première sagesse est de savoir user de son existence. Nous ne vivons qu'une très petite partie de notre vie, le reste s'écoulant en tâches mécaniques dans l'étouffante banalité du quotidien. Nous ne l'apprécions point dans sa pleine mesure. Trop affairés par ailleurs, engagés dans des activités souvent aussi stériles que nombreuses, nous ne la goûtons enfin que fort imparfaitement. Le vieux Sénèque écrivait dans *De la brièveté de la vie* :

> « Vous vivez comme si vous deviez toujours vivre ; jamais vous ne pensez à votre fragilité. Vous ne remarquez pas combien de temps est déjà passé ; vous le perdez comme s'il venait d'une source pleine et abondante, alors pourtant que peut-être ce jour même, dont vous faites cadeau à un autre, homme ou chose, est votre dernier jour. »

Mais l'expérience des grandes épreuves dispense d'inestimables leçons sur l'art de tirer le meilleur profit de ses jours. Elle fait naître ce bien sans prix qu'est le repos d'une âme placée dans la plus grande sécurité, qu'elle élève et qu'elle remplit de cette joie grande et stable qui fait suite aux craintes et au spectacle du désastre. D'après les témoignages recueillis auprès des survivants, parfois de longues années après le naufrage, et sur le fondement de ce qu'on peut connaître ou imaginer de leur existence intérieure après le drame, rien n'interdit de penser que ces heureux rescapés se soient conformés à un style de vie qui n'aurait pas déplu au philosophe stoïcien, lequel se fit le chantre de l'*ataraxie,* notion qui, sous sa plume, désignait le calme de l'esprit, la privation des passions nuisibles, l'absence de tout trouble intérieur. L'observation de Walter Lord satisfait au plus haut point aux canons de l'ataraxie stoïcienne. De quel poids nous apparaissent les menus aléas de l'existence et ses petites misères quand on a réchappé d'un tel drame qui, en même temps qu'il fait comprendre le vrai prix de la vie, relativise de manière salutaire les tracas quotidiens qui nous assaillent ? Les rescapés du *Titanic* surent dépouiller en eux-mêmes le « vieil homme » et accéder à un degré supérieur d'existence. Rapportons-nous de nouveau à l'enseignement de Sénèque. Son traité *De la tranquillité de l'âme* mériterait d'être lu par tous les naufragés, comme on en peut facilement juger par le passage suivant :

> « En somme, il faut que l'âme, s'arrachant à toutes les choses extérieures, se replie sur elle-même ; qu'elle n'ait confiance qu'en elle-même ; qu'elle ait ses joies propres ; qu'elle ait pour elle seule de la considération ; qu'elle s'éloigne, autant que possible, de ce qui lui est étranger ; qu'elle ne s'attache qu'à elle-même ; que les dommages matériels la laissent indifférente ; qu'elle interprète en un sens favorable l'adversité même. *Quand on lui annonça le naufrage où tous ses biens avaient sombré, Zénon dit : la Fortune m'invite à philosopher plus à mon aise.* »

Ainsi parlait Sénèque, philosophe riche à millions et par conséquent détaché des contingences matérielles.

En somme, une telle épreuve nous enseigne à distinguer entre les choses importantes et l'accessoire. Elle donne lieu à des espèces d'exercices spirituels qui mettent l'âme devant sa vérité, dans un dialogue nu et profond avec elle-même, sans plus de considération pour le superflu, pour les biens extérieurs, pour le tourbillon des affaires courantes. De cette disposition bienfaisante naîtra une condition de vie paisible, rassise, exempte toujours des agitations inutiles. C'est là, donc, une école de sagesse, d'harmonie psychique et d'apprentissage de l'appréciation des choses dans leur exacte valeur. Aussi, comme à toute chose malheur est bon, le naufrage du *Titanic* ne s'accomplit pas en pure perte : ses survivants eurent tout loisir de s'amender et de se transformer. Le grand bain permettait de dépouiller le vieil homme.

Chapitre VIII

UN Y EN TROP. *FLUCTUAT ET MERGITUR*

En entreprenant de construire sur l'ordre de son Dieu une arche promise à la postérité que l'on sait, le patriarche Noé fit incontestablement œuvre utile. Car c'est à la solidité de son vaisseau, qui sut résister à point nommé aux crues du Déluge, que le genre humain a dû sa perpétuation et que les petites bêtes qui rampent sur terre ou qui volent dans les airs, renfermées par couples dans le patriarcal navire, ont réussi à échapper à une annihilation autrement inévitable. Grâces soient donc rendues à notre père à tous qui était âgé de six cents ans – pas moins – au moment où, Juste parmi les Justes, il s'appliqua à édifier cette nef de l'Alliance qui permit au globe de faire peau neuve.

Les Écritures rapportent que l'arche, faite d'un bois résineux dont la nature exacte n'est pas signalée et enduite de bitume à l'intérieur comme à l'extérieur, était longue de trois cents coudées, soit – si l'on considère qu'une coudée vétérotestamentaire représente *grosso modo* cinquante de nos centimètres – un peu plus de la moitié de la longueur du *Titanic*. Sa largeur dépassait les cinquante coudées, sa hauteur en comptait une trentaine. Ces dimensions respectables devaient en faire un altier géant des mers, malheureusement peu susceptible d'être admiré comme tel par les observateurs terrestres, eu égard aux pluies abondantes qui s'abattaient sur eux avant de les engloutir, et leur interdisait donc de rendre à ce fier navire l'hommage qui lui était dû. Du moins l'arche offrit-elle à quelques heureux élus de tout poil un asile salutaire, cependant que les créatures restées à quai passaient un très sale quart d'heure.

> « Tous ceux qui respiraient l'air par une haleine de vie, tous ceux qui vivaient sur la terre ferme moururent. Ainsi le Seigneur effaça tous les êtres de la surface du sol, hommes, bestiaux, petites bêtes, et même les oiseaux du ciel. Ils furent effacés, il ne resta que Noé et ceux qui étaient avec lui dans l'arche. » (*Genèse*, 6, 22-23)

Et ce doux supplice dura quarante jours à plein régime, suivi d'une formidable crue des eaux, longue de cent cinquante jours. L'observation du poète Lucrèce – voir de la terre ferme les pauvres marins se débattre dans la tempête procure un plaisir particulier – doit ici être considérée à rebours : c'est du haut de l'arche, étant abrité par son toit à pignon, qu'il devait être bien doux de regarder les terriens infortunés sombrer dans les flots.

Noé, donc, avait assuré le salut des générations et garanti la diversité des espèces. Son arche s'était imposée comme le véhicule de la survie dans une conjoncture terrestre des plus troublées. Mais voilà que l'alphabet nous réserve de cuisantes surprises.

Victor Hugo se fit jadis une spécialité de méditer sur l'essence des lettres qui composent ce dernier. Souvent le poète a ses têtes grammaticales. Stéphane Mallarmé exécrait la conjonction *comme*, qu'il jugeait trop plébéienne. Comme dit Mallarmé, ce terme n'a pas droit de cité dans la haute langue de la poésie symboliste… Esprit plus pratique et plus rompu aux jeux marins, Hugo s'en prit, non sans raison, à la lettre Y, selon son goût la plus pernicieuse de toutes. Ce patriarche du vers, à la barbe presque aussi fleurie que celle de son lointain aïeul biblique, faisait en effet judicieusement observer qu'à cette lettre près, Noé aurait été Noyé. Et c'en eût été fait de cette si exemplaire opération de sauvetage...

C'est ce petit Y en trop qui coûta si cher au *Titanic*. Ce dernier n'avait rien à envier à l'embarcation de Noé. Arche de la civilisation renfermant en son sein toutes les dernières avancées de la technique et les souvenirs les plus brillants du luxe architectural et artistique des siècles passés, il cinglait allègrement vers le Nouveau Monde quand survint le bête accident. Le capitaine Smith n'eut point la chance de son lointain prédécesseur ; la Providence ne lui vint pas en aide. L'Arche se brisa comme la plus frêle des coquilles de noix.

Mais quoi ! N'est-ce pas là le signe de l'irréductible fragilité de l'homme, incapable de parer efficacement à tous les dangers qui le guettent dans ses longs voyages et de surmonter les aléas de la technique, mais fort prompt à s'enorgueillir – avec quelque raison d'ailleurs – de ses extraordinaires dispositions techniciennes, et donc à s'abuser sur sa puissance ? Comme il a été argumenté plus haut, le naufrage impensable du *Titanic* constitue l'un des meilleurs symboles tant de la fragilité humaine que du climat d'insécurité qui a marqué notre siècle. Il termine symboliquement cet Âge d'or européen qu'on appelle la Belle Époque et ouvre l'ère des commotions continuées. Il alimente à sa manière la mauvaise conscience de l'homme moderne. Il ruine enfin à la base le rationalisme scientiste du début du siècle : fin, donc, de la *grande illusion.*

En 1910, le publiciste anglais Norman Angell démontrait précisément dans un ouvrage titré *La Grande Illusion* qu'un conflit militaire avec l'Allemagne était absolument impensable. Sir Norman y prouvait à grands renforts d'arguments que les avantages de la guerre étaient devenus illusoires. L'opinion selon laquelle les conflits armés n'ont plus de raison d'être est une idée récurrente. Un siècle plus tôt, en 1814, Benjamin Constant avait professé dans *L'Esprit de conquête* que l'âge des pacifiques conquêtes du commerce était advenu et que la fibre entrepreneuriale devait définitivement prendre le pas sur la veine guerrière. Quelques décennies plus tard, Proudhon faisait écho à cette thèse singulière en osant déclarer dans son volumineux ouvrage *La Guerre et la Paix* – nous sommes en 1861 ! – que « l'évolution guerrière est à sa fin ; cela résulte de toutes nos recherches... L'humanité ne veut plus la guerre... »

Norman Angell jeta du petit bois sur ces flambées d'optimisme. Mais il ne s'en tint point là. Bravement, il martela ses convictions :

> « La guerre avec l'Allemagne ne se peut pas. Nos fortunes sont trop liées. Sa destruction serait celle d'une telle part de nos débiteurs qu'elle nous ruinerait fatalement. Les conséquences seraient telles que nous ne pourrions même pas prendre la place de l'Allemagne sur les marchés qu'elle contrôlait, sans compter la perte du marché allemand lui-même. »

Or la « guerre de Troie » a eu lieu et, si elle a durablement affaibli Albion, au même titre d'ailleurs que toutes les grandes puissances continentales, elle ne l'a toutefois pas fatalement ruinée... Naïvetés politiques !

Ainsi va la grande roue des illusions. C'est elle qui faisait conclure par certains experts naturellement infaillibles à la quasi-insubmersibilité du *Titanic* avant sa mise à flots... Mirage de la Technique !

Aveuglement des hommes ! Au nombre de ces illusions fatales, il convient de compter l'exemple de trop fréquentes mystifications financières. En effet, dans la sphère économique, l'euphorie sait gagner peu à peu tous les agents jusqu'au jour de l'inévitable krach. John Kenneth Galbraith, Cassandre de la crise boursière de 1987, a montré dans sa *Brève Histoire de l'euphorie financière* (ainsi intitulée non seulement en raison de la taille de l'ouvrage mais aussi à cause du fait que l'euphorie ne dure qu'un temps) que, depuis la préhistoire de la spéculation financière, la dynamique spéculatrice a toujours reposé sur une extraordinaire confiance dans les ressorts de l'échange, sur une totale amnésie financière conduisant les « opérateurs » à oublier complètement les dépressions boursières du passé – fût-ce du passé le plus récent – et enfin sur une sorte de cycle psychologique qui se répète inlassablement, poussant les uns et les autres à écarter l'hypothèse d'un renversement de tendance de l'activité économique aussi longtemps qu'ils chevauchent la vague haute de la spéculation. Individus et institutions sont piégés par la séduisante et vénéneuse satisfaction qu'on éprouve toujours à voir grandir sa fortune, jusqu'au jour de la désillusion générale où l'on prend enfin conscience des contraintes imparties aux possibilités d'enrichissement boursier et de la nature somme toute limitée des vertus du marché. Le seul remède tient dans un mot d'ordre : se garder de tout optimisme affiché et témoigner de la plus grande vigilance. Galbraith écrit :

> « Quand un climat de surexcitation envahit un marché ou entoure une perspective d'investissement, quand on parle d'occasion unique fondée sur un flair exceptionnel, que tous les gens sensés mettent les chariots en cercle ! L'heure est à la prudence ! Peut-être y en a-t-il vraiment une, d'occasion. Peut-être existe-t-il vraiment, ce trésor au fond de la mer Rouge. Mais une longue histoire nous prouve qu'aussi souvent ou plus souvent il n'y a là que tromperie et autosuggestion. »

Or quel plus confondant exemple d'autosuggestion que la *titanesque illusion ?* On se souvient que l'infortuné commandant du *Titanic* avait écarté la possibilité, quelques années avant d'en prendre la barre, que les meilleurs navires pussent faire naufrage, étant dorénavant « au-dessus de ça ». Pareillement, on jugea en 1987, comme on l'avait déjà cru en 1929, que la bourse était invulnérable. Vainement, Galbraith avait mis en garde les responsables économiques en parlant, au début de 1987, dans un article du journal *The Atlantic* – « *Tragic Atlantic !* » – d'un « jour de vérité où le marché s'effondrera sans limite ». Il est vrai que la connaissance universelle du désastre du *Titanic,* que son extraordinaire retentissement dans les jours qui l'ont suivi et que sa mémoire impérissable ont définitivement immunisé les hommes contre les méfaits de l'euphorie technicienne. En cela, il fit école. L'euphorie financière, elle, renaît régulièrement de ses cendres : des marchés nouveaux émergent, des instruments financiers inédits se développent, des mécanismes complexes de prévention des crises apparaissent (suspension automatique de cotation, ratios de solvabilité imposés aux banques, contrôle des transactions par des institutions spécialisées, etc.), toutes considérations qui font croire que le mouvement d'expansion financière est, cette fois-ci, vraiment intarissable : lancé une fois pour toutes à l'instar du mouvement perpétuel que rien n'arrête. Le naufrage du *Titanic* eut au moins le mérite de faire réfléchir au renforcement des conditions de sécurité à bord des grands navires. Mais il inocula sans retour le germe du désenchantement. Les hommes se découvraient définitivement désarmés devant leurs propres créations. L'heure était à la Grande Dépression.

Rarement la leçon de l'Histoire a joué un tel rôle. Rien ne valait un tel naufrage pour enseigner à la postérité l'extrême fragilité de ses avancées techniques dans certaines conditions données. Comme il était bien trouvé, le titre donné à la célèbre et impressionnante toile du peintre Ken Marschall représentant le *Titanic* sur le point de heurter l'iceberg : *Vers la fin d'une époque!* Époque heureuse où l'on embarquait pour l'Amérique et pour ses promesses d'enrichissement, époque de sécurité et de stabilité telle que l'a si bien dépeinte Stefan Zweig dans *Le Monde d'hier*. En une nuit, la fine fleur de la vieille Europe aristocratique, le sang frais des émigrants de l'Est ainsi que certains des plus brillants représentants de la jeune classe des entrepreneurs du Nouveau Monde ont été fauchés brutalement, sans avertissement, sans raison apparente.

« Bientôt des yeux de tous votre ombre est disparue », écrivait Victor Hugo dans *Oceano Nox*. L'ombre des Mortels engloutis s'est peut-être dissipée, mais la masse hiératique de la carcasse du géant des mers n'est pas destinée à s'évanouir de la mémoire collective. « Le *Titanic* a jeté un charme sur tous ceux qui ont collaboré à sa construction ou ont navigué dessus. Avec les années, le souvenir l'a encore embelli », notait Walter Lord dans son ouvrage. Avec le recul du temps, la fascination un peu morbide qu'il a suscitée n'est pas près de se tarir. Bien au contraire.

Pascal disait que la plupart de nos malheurs nous viennent de ce que nous ne savons rester dans notre chambre. Au lieu de poser son sac et d'élire le lieu de son habitat au gré de ses caprices, l'homme moderne fonce, *titanisé* – lointain descendant d'Ulysse, éternel modèle du pérégrin malgré lui, du casanier contraint de courir le monde.

« Dériver » n'est pas moderne, et s'il lui faut bien parfois échouer, l'homme moderne répugne à s'échouer sur le rivage des rêves et de la fantaisie, ignorant qu'il est de l'art folâtre de disposer de soi. Le *Titanic* a décidément supplanté le *Kon-Tiki* au Panthéon des gloires de l'aventure humaine. Il tient toujours son rang dans le cortège des grandes fables du genre humain.

OUVRAGES CITÉS

ALAIN, *Propos,* « Bibliothèque de la Pléiade », Gallimard, Paris, 1956.

ANGELL (Norman), *La Grande illusion* (1909), extrait cité dans DELMAS (Ph.), *Le Bel Avenir de la guerre,* Gallimard, Paris, 1995.

BACHELARD (Gaston), *L'Eau et les Rêves,* José Corti, Paris, 1942.
– *La Poétique de la Rêverie,* PUF, Paris, 1960.

BARRÈS (Maurice), « L'Esthétique du cyclisme » (1894), dans *Journal de ma vie extérieure,* Julliard, Paris, 1994.

BARTHES (Roland), « Nautilus et Bateau ivre », dans *Mythologies,* Seuil, Paris, 1957.

BAUDELAIRE (Charles), *Mon cœur mis à nu,* « Folio », Gallimard, Paris, 1986.

BOSSUET (Jacques-Bénigne), *Oraisons funèbres,* Classiques Garnier, Paris, 1961.

BYRON (George G., Lord), *Les Deux Foscari* (1821), extrait cité dans MORAND (P.), *op. cit.,* 1990.

CHATEAUBRIAND (François-René de), *Itinéraire de Paris à Jérusalem* (1811), GF-Flammarion, Paris, 1968.

D'Annunzio (Gabriele), *L'Enfant de volupté* (1889), extrait cité dans Bachelard (G.), *op. cit.*, 1960.

De Gaulle (Charles), propos cités dans Peyrefitte (A.), *C'était De Gaulle*, t. 2, De Fallois/Fayard, Paris, 1997.

Delacroix (Eugène), *Journal*, éd. A. Joubin, Plon, Paris, 1981.

Domenach (Jean-Marie), *Le Retour du tragique*, Seuil, Paris, 1967.

Galbraith (John Kenneth), *Brève Histoire de l'euphorie financière*, trad. P. Chemla, Seuil, Paris, 1992.

Giraudoux (Jean), *La guerre de Troie n'aura pas lieu* (1935), « Le Livre de Poche », LGF, Paris, 1963.

Goll (Yvan), *Les cercles magiques* (1951), extrait cité dans Bachelard (G.), *op. cit.*, 1960.

Guitton (Jean), *Portraits et Circonstances*, Desclée de Brouwer, Paris, 1989.

Hegel (Georg Wilhelm Friedrich), *La Raison dans l'Histoire*, trad. K. Papaioannou, UGE-10/18, Paris, 1979.

Hérodote, *Histoires*, VII, 35, trad. P.-E. Legrand, Les Belles Lettres, Paris, 1951.

Hugo (Victor), *Les Travailleurs de la mer* (1866), GF-Flammarion, Paris, 1980.

– *Les Voix intérieures* (1837), dans *Œuvres poétiques*, « Bibliothèque de la Pléiade », Gallimard, Paris, 1987.

Jünger (Ernst), *Le Mur du temps*, trad. H. Thomas, Gallimard, Paris, 1994.

– *Le Traité du Rebelle* (1951), trad. H. Plard, Christian Bourgois, 1981, 1995.

Jünger (Friedrich Georg), *Ultima ratio* (1945), cité dans Jünger (E.), *Rivarol et autres essais*, trad. J. Naujac et L. Eze, Grasset, Paris, 1974.

Kant (Emmanuel), *Anthropologie du point de vue pragmatique*, trad. A. Renaut, GF-Flammarion, Paris, 1993.

– *Critique de la raison pratique*, trad. F. Picavet, PUF, Paris, 1989.

KIPLING (Rudyard), « The Liner she's a Lady » (*The Seven Seas*, 1896), dans *R. Kipling's verse (1885-1926)*, Hodder and Stonghton, 1927.

LORD (Walter), *La Nuit du Titanic*, trad. Y. Rivière, L'Archipel, Paris, 1998.

LUCRÈCE, *De natura rerum*, trad. H. Clouard, GF-Flammarion, Paris, 1964.

MACAULAY (Thomas B.), *Francis Bacon* (1837), extrait cité dans STEINER (G.), *op. cit.*, 1986.

MASSON (Philippe), *Le Drame du Titanic*, Tallandier, Paris, 1998.

MAUROIS (André), *Édouard VII et son temps*, Les Éditions de France, Paris, 1933.

MORAND (Paul), *Bains de mer* (1960), Arléa, Paris, 1990.

PROUDHON (Pierre-Joseph), *La Guerre et la Paix, recherches sur le principe et la constitution du droit des gens* (1861), M. Rivière, Paris, 1927.

PROUST (Marcel), « Journées en automobile » et « Journées de lecture » (1907), dans *Pastiches et Mélanges*, Gallimard, Paris, 1992.

ROUSSEAU (Jean-Jacques), *La Nouvelle Héloïse*, GF-Flammarion, Paris, 1967.

SEGALEN (Victor), *René Leys*, « Le Livre de Poche », LGF, Paris, 1999.

SÉNÈQUE, « De la tranquillité de l'âme » et « De la brièveté de la vie », dans *Les Stoïciens*, « Bibliothèque de la Pléiade », Gallimard, Paris, 1962.

SHAKESPEARE, *The Tempest*, extrait cité dans MORAND (P.), *op. cit.*, 1990.

STEINER (George), *Dans le château de Barbe-Bleue. Notes pour une redéfinition de la culture*, trad. L. Lotringer, Gallimard, Paris, 1973, 1986.

Swinburne (Algernon C.), « A Ballad At Parting » (*Poems and Ballads*, 1878), extrait cité dans Bachelard (G.), *op. cit.*, 1960.

Weil (Simone), « Désarroi de notre temps » (1938), dans *Écrits historiques et politiques,* Gallimard, Paris, 1989.

– *Réflexions sur les causes de la liberté et de l'oppression sociale,* Gallimard, Paris, 1980.

Zweig (Stefan), *Le Monde d'hier,* trad. J.-P. Zimmermann, Les Belles Lettres, Paris, 2013.

TABLE DES MATIÈRES

Cet ouvrage,
le quarantième de la collection
« Vérité des Mythes »
publié aux Éditions Les Belles Lettres
a été achevé d'imprimer
en mars 2013
sur les presses
de l'imprimerie SEPEC
01960 Péronnas

Impression & brochage **sepec** - France
Numéro d'impression : 05425130336 - Dépôt légal : avril 2013
Numéro d'éditeur : 7612